U0394944

高等职业教育校企合作"互联网＋"创新型教材
广东省精品课程配套教材

网页设计与制作项目教程
第2版

线上课程版

主　编　陈义文　陈绣瑶
参　编　佟松林　钟志锋　陈永遥　魏　巍

机械工业出版社
CHINA MACHINE PRESS

本书作者根据多年网页设计教学的经验，采用项目化教学的理念设计教学大纲来组织全书内容。全书分为六个项目，使用一个具体案例贯穿全部项目，每个项目都有相应的任务。全书的任务涵盖了网页设计基础、HTML语言、Dreamweaver、Photoshop、CSS样式表、JavaScript脚本语言等知识点，涉及网页设计各方面的知识。

本书结构新颖，每个项目包含若干任务、知识拓展和能力拓展。全书突出实践教学、项目教学的特点，将理论知识融入实践教学中，在实践中发现问题，然后用理论知识加以解决，避免学生对枯燥理论知识感到畏惧和厌烦，起到事半功倍的效果。

本书可作为高等职业院校、成人高校、民办高校及各二级职业技术学院电子商务等经贸类专业或其他相关专业的教材，也可供五年制中等职业学校相关专业的学生使用，还可作为电子商务从业人员的自学参考书和培训教材。

为方便教学，本书配备了电子课件、试卷及答案、课程标准、教案、素材库等教学资源。凡选用本书作为教材的教师均可登录机械工业出版社教育服务网（www.cmpedu.com）免费下载。编者还开发了在线开放课程（https://mooc1-1.chaoxing.com/course/202756008.html）以及二维码资源，为师生提供了丰富的课程教学与自主学习资源。如有问题请致电010-88379375联系营销人员，服务QQ：945379158。

图书在版编目（CIP）数据

网页设计与制作项目教程/陈义文，陈绣瑶主编. —2版. —北京：机械工业出版社，2021.2（2022.1重印）

高等职业教育校企合作"互联网+"创新型教材

ISBN 978-7-111-67369-9

Ⅰ. ①网… Ⅱ. ①陈… ②陈… Ⅲ. ①网页制作工具—高等职业教育—教材 Ⅳ. ①TP393.092.2

中国版本图书馆CIP数据核字（2021）第017647号

机械工业出版社（北京市百万庄大街22号 邮政编码100037）

策划编辑：孔文梅　　　　　责任编辑：孔文梅 乔 晨
责任校对：张玉静 史静怡　　封面设计：鞠 杨
责任印制：单爱军

北京虎彩文化传播有限公司印刷

2022年1月第2版第2次印刷

184mm×260mm · 11印张 · 240千字

标准书号：ISBN 978-7-111-67369-9

定价：35.00元

电话服务　　　　　　　　　网络服务
客服电话：010-88361066　　机 工 官 网：www.cmpbook.com
　　　　　010-88379833　　机 工 官 博：weibo.com/cmp1952
　　　　　010-68326294　　金 书 网：www.golden-book.com
封底无防伪标均为盗版　　机工教育服务网：www.cmpedu.com

新时期，高等职业教育蓬勃发展，对教学模式和教学方法提出了新的要求。为了更好地适应高等职业教育的发展趋势和对人才的培养要求，学校必须进一步深化对传统教学模式和教学方法的改革，从而培养出能够满足社会需求的高技能人才。项目化教学改革作为高职教学改革的一项重要举措，对于探讨新时期有效的高职教学模式、提高高职人才培养的质量必将产生积极而深远的影响。

本书采用项目化教学的理念设计教学大纲，并组织全书内容。全书分为六个项目，使用一个具体案例贯穿全部项目，每个项目都有相应的任务。全书的任务涵盖了网页设计基础、HTML、Dreamweaver、Photoshop、CSS样式表、JavaScript脚本语言等知识点，涉及网页设计各方面的知识。

本书结构新颖，每个项目包含若干任务、知识拓展和能力拓展。在内容安排上，将项目所需达到的目标进行分解，形成若干个前后关联、层层递进的任务。知识拓展是该项目中读者必须掌握的理论知识点和实践知识点。能力拓展是在前期任务操作、理论知识和实践知识的基础上精心设计的拓展训练，读者需要拓展自己的知识面才能顺利完成这些训练。每个任务又包含任务要求、最终效果和操作提示三个部分，将任务要求提前可以促使读者有的放矢，经过一番探讨、研究、实践，并完成任务的最终效果，从而收获成功的喜悦，获取相关专业知识，起到事半功倍的作用。

教师在教学过程中可以灵活采用先讲后练、先练后讲或者边讲边练的方式进行，学生在学习过程中只需按照相关操作提示中的操作步骤，适当地阅读相关理论知识，就可以完成任务，能在较短时间内掌握网页设计技术。

本书由陈义文和陈绣瑶担任主编，佟松林、钟志锋、陈永遥、魏巍参与了本书的编写。全书由陈义文统稿。在本书的编写过程中，武汉恒欣达汽车销售有限公司提供了真实的生产实训项目，深圳同和工贸公司部分专家提出了中肯的意见，还得到了张福堂教授的指导，同时参阅了大量的相关教材和专业书籍，在此一并向武汉恒欣达汽车销售有限公司、各位专家及参考书籍的编者表示感谢。

本书此次修订增加了HTML5和CSS3的知识，升级Dreamweaver版本至CC2018，增加和调整了"知识拓展"部分的内容，完善了网页设计理论知识的内容。

本书涵盖内容较广，具有很强的操作性，能在短时间内提高学生网页设计的能力，可作为高等职业院校、成人高校、民办高校及各二级职业技术学院电子商务等经贸类专业或其他相关专业的教材，也可供五年制中等职业学校相关专业的学生使用，还可作为电子商务从业人员的自学参考书和培训教材。

为方便教学，本书配备了电子课件、试卷及答案、课程标准、教案、素材库等教学资源。凡选用本书作为教材的教师均可登录机械工业出版社教育服务网www.cmpedu.com免费下载。编者还开发了在线开放课程（https://mooc1-1.chaoxing.com/course/202756008.html）以及二维码资源，为师生提供了丰富的课程教学与自主学习资源。如有问题请致电010-88379375，服务QQ：945379158。

由于编者水平有限，书中纰漏和考虑不周的地方在所难免，欢迎各位专家和广大读者不吝赐教，批评指正。

编　者

二维码索引

序　号	名　　称	二　维　码	页　码
1	同种色搭配效果		14
2	对比色搭配效果		15
3	扫码观看网站Logo设计微课		15
4	扫码观看网站首页版式设计微课		17
5	扫码观看网站子页版式设计微课		23
6	扫码观看站点文档的创建与编辑微课		34
7	扫码观看美化公司简介页面微课		44
8	扫码观看书写HTML代码制作公司简介网页微课		46
9	扫码观看网站首页版式切片微课		51
10	扫码观看网站子页版式切片微课		54

（续）

序　号	名　　称	二　维　码	页　码
11	扫码观看制作公司简介页面微课		56
12	扫码观看制作客户咨询页面微课		61
13	扫码观看使用超级链接技术制作服务网点查询页面微课		75
14	扫码观看设计首页页面布局微课		83
15	扫码观看制作首页页眉微课		86
16	扫码观看制作首页导航（一级导航）微课		89
17	扫码观看制作首页导航（二级导航）微课		89
18	扫码观看制作首页banner微课		92
19	产品图片轮播的最终效果图		92
20	扫码观看制作首页友情链接栏目微课		96
21	扫码观看使用图像交换技术制作配件销售页面微课		111

（续）

序　号	名　　称	二　维　码	页　码
22	扫码观看制作配件销售页面选项卡面板效果微课		113
23	扫码观看制作网站主模板微课		117
24	扫码观看制作产品中心页面微课-1		120
25	扫码观看制作产品中心页面微课-2		120
26	扫码观看制作产品中心页面微课-3		120
27	左侧图片滚动效果		126
28	扫码观看制作二级页面模板微课		130
29	扫码观看制作新闻动态栏目微课		134
30	扫码观看制作公司简介栏目微课		138
31	扫码观看制作联系我们栏目微课		138
32	扫码观看制作客户咨询等栏目微课		146

目录 Contents

前言

二维码索引

项目一　网站规划与设计 1

任务1　网站需求分析 2

任务2　网站策划 5

任务3　网站总体设计 7

知识拓展 9

能力拓展 15

项目二　网站开发环境配置 28

任务1　Dreamweaver CC软件的安装与设置 29

任务2　站点的创建与管理 31

任务3　站点文档的创建与编辑 34

知识拓展 37

能力拓展 44

项目三　网站制作前期准备 50

任务1　网站首页版式切片 51

任务2　网站子页版式切片 54

任务3　整理网站素材 56

任务4　制作公司简介页面 56

任务5　制作客户咨询页面 61

知识拓展 64

能力拓展 75

项目四　网站首页制作 82

任务1　设计首页页面布局 83

任务2　制作首页页眉 86

任务3　制作首页导航......................................88

任务4　制作首页banner....................................92

任务5　制作首页友情链接栏目..............................96

任务6　制作首页页脚......................................97

知识拓展..100

能力拓展..111

项目五　网站二级页面制作................................116

任务1　制作网站主模板..................................117

任务2　制作产品中心页面................................120

任务3　制作二级页面模板................................130

任务4　制作新闻动态栏目................................134

任务5　制作公司简介等栏目..............................137

知识拓展..140

能力拓展..146

项目六　网站测试与发布..................................149

任务1　网站链接测试....................................150

任务2　网站发布..152

知识拓展..157

能力拓展..160

课程设计　网页设计与制作................................164

参考文献..166

Project 1

项目一
网站规划与设计

　　网站建设是否成功与建站前的网站规划有着极大的关系。网站规划是指在网站建设前对用户及市场进行必要的调研，明确用户需求，确定网站建设的目的和功能，并根据需求对网站建设中的技术、内容、费用、测试、维护等各方面制作出可行的方案，对网站建设起到计划与指导的作用。只有进行充分的调研和详细的规划，才能避免在网站建设中出现重大问题，网站建设才能顺利进行。

任务目标

◎ 了解网站需求调查表的设计
◎ 能够根据企业需求制作网站策划书
◎ 能够对网站进行总体的设计
◎ 熟悉 Photoshop 的工作环境
◎ 掌握网站 Logo 的规格及设计方法
◎ 能够利用 Photoshop 设计网站页面版式

任务 1　网站需求分析

任务要求

　　设计企业网站需求调查表，收集企业的基本需求信息，了解企业建设网站的目的及功能需求，这是网站建设与实施的根基，也是保证整个项目成功的基础。

　　本书以武汉恒欣达汽车销售有限公司（以下简称"恒欣达"）官网为例，为读者讲解相关内容。

操作提示

　　❶ 企业网站建设目的调查。网站建设之前开发人员应了解企业希望网站起哪些作用，明确企业建设网站的真正目的是什么。该调查主要包括提升企业形象、宣传产品、网上营销、客户服务、电子商务等。相关调查内容见表 1-1。

表 1-1　网站建设目的调查

1. 提升企业形象				
□ 概况介绍	□ 企业荣誉	□ 组织结构	□ 联系信息	
2. 品牌传播				
□ 品牌阐述	□ 品牌文化	□ 品牌故事	□ 品牌传播活动	
3. 产品宣传				
□ 产品展示	□ 产品介绍	□ 技术参数列表	□ 产品手册下载	
4. 在线销售				
□ 产品报价	□ 信息通知	□ 经销商授权	□ 在线反馈	□ 统计报表
5. 订单管理				
□ 在线订单	□ 在线支付	□ 在线询价		
6. 客户服务				
□ 在线报修	□ 在线投诉	□ 客户服务常见问题	□ 客户体验	□ 在线咨询
7. 新闻发布				
□ 公司新闻发布	□ 新产品发布	□ 公关宣传	□ 媒体报道	
8. 市场调查				
□ 消费市场调查	□ 客户需求调查	□ 产品相关调查		
9. 其他＿＿＿＿＿＿＿＿＿＿＿＿＿＿＿＿＿＿＿＿＿＿＿＿＿＿＿＿＿＿＿＿＿＿＿				

　　❷ 企业网站风格调查。网站风格是指网站的整体形象给浏览者的综合感受，主要包括网站标志、网站风格、网站的色调、Flash 欢迎页面、网站首页版面结构图、是否要求在网站首页放置广告位、参考网址等内容，见表 1-2。

表1-2 网站风格调查

1. 网站标志：□ 有 □ 重新设计

2. 网站风格：
□ 严谨、大方，内容为本，设计专业（适用于办公或行政企业）
□ 浪漫、温馨，视觉设计新潮（适用于各类服务型网站，如酒店）
□ 清新、简洁（适用于各类企业单位）
□ 热情、活泼，大量使用图和动画（适用于纯商业网站或产品推广网站）
□ 视觉冲击力强，独特、新颖
□ 其他_____

3. 网站的色调：
□ 冷色调（蓝、紫、青、灰等，有浪漫、清新、简洁等特点）
□ 暖色调（红、黄、绿等，有活泼、大方、视觉冲击力强等特点）
□ 简洁、雅致
□ 综合型（按不同类型由设计师设计）
□ 其他_____

4. Flash欢迎页面：□ 有 □ 没有

5. 网站首页版面结构图：

由设计师选择

6. 是否要求在网站首页放置广告位：
□ 是 □ 否（该要求适用于综合型结构网站）

7. 参考网址_____

❸ 企业栏目结构调查。网站栏目设计对网站建设非常重要。网站栏目是网站内容的高度概况，具有导航作用，能够指导浏览者对网站进行浏览，见表1-3。

表1-3 网站栏目分级结构表

一 级 栏 目	二 级 栏 目			

❹ 企业网站的功能。网站的功能主要包括用户管理、信息发布、产品展示、在线订单管理、企业论坛、会员管理、留言反馈、网站管理、在线调查、全站搜索、人才招聘和流量统计分析等，见表1-4。

表1-4 企业网站功能需求

系 统 名 称	详细功能说明
□ 用户管理系统	
□ 信息发布系统	
□ 产品展示系统	
□ 在线订单管理	
□ 企业论坛系统	
□ 会员管理系统	
□ 留言反馈系统	
□ 网站管理系统	
□ 在线调查系统	
□ 全站搜索系统	
□ 人才招聘系统	
□ 流量统计分析	

❺ 企业网站发布及维护方式调查。该调查主要包括是否已有网站域名、选择的虚拟主机、搜索引擎、网站维护培训、网站后期维护、维护内容、网站首页更新频率等，见表1-5。

表1-5 网站发布与维护方式调查

1. 是否已有网站域名： □ 否 □ 是_____
2. 选择的虚拟主机（中文版建议选择中国主机，海外市场建议选择美国主机）： □ 中国主机 □ 美国主机 □ 其他主机
3. 搜索引擎： □ 百度 □ 搜狗 □ 新浪 □ 搜狐 □ 网易
4. 网站维护培训： □ 是 □ 否 □ FTP软件的使用 □ 数据的更新 □ 静态页面的修改
5. 网站后期维护： □ 甲方自行维护 □ 委托专业服务商来完成，自己定期指导 □ 设定要求、目标，完全由别人代劳
6. 维护内容： □ 页面更新 □ Flash动画更新 □ 系统优化、升级 □ 网站内容更新
7. 网站首页更新频率（更新在于表现一个新面貌，有新鲜感；可根据企业特殊时段更新）： □ 一月一次 □ 一季度一次 □ 半年一次 □ 一年一次 □ 一年以上

任务2 网站策划

任务要求

根据网站需求分析结果，制作网站策划书，指导网站的建设与实施。

操作提示

❶ 明确网站建设的目的。建设网站是为了加大企业的宣传力度，让更多的用户了解企业的产品及应用，利用互联网进行企业及产品的宣传。网站建设的目的以企业形象宣传和产品展示为主。

❷ 网站栏目结构规划。恒欣达网站栏目结构如图1-1所示，包括首页、公司简介、新闻动态、整车销售、配件销售、联系方式、客户咨询、公司招聘等。

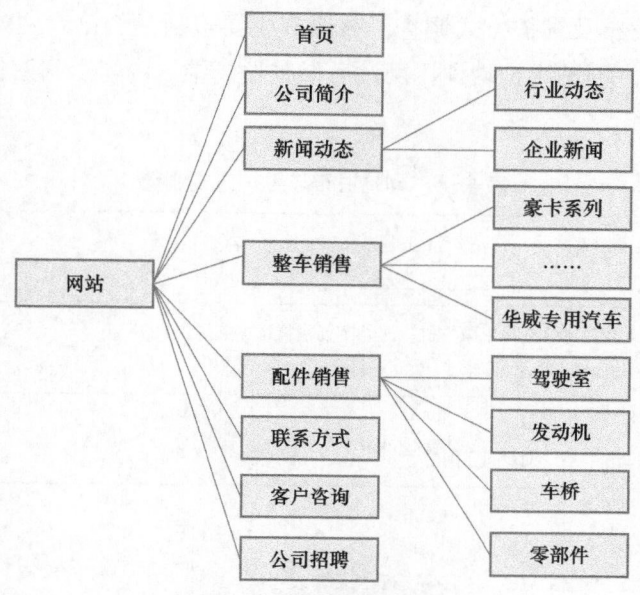

图 1-1　网站栏目结构图

❸ 网站功能模块需求。网站功能模块及说明见表 1-6。

表 1-6　网站功能模块及说明

功 能 模 块	功 能 说 明
产品动态展示	横幅广告动态显示，展示品牌形象，简约大气
站内搜索功能	支持用户在搜索表单中输入关键词，对站内信息进行搜索
快速打印	直接打印此页内容
页面收藏	直接收藏当前浏览页面
网站搜索优化	为页面定义准确的关键词、标题和说明信息，便于搜索引擎收录

❹ 网站风格及版式。恒欣达网站风格稳重、简洁大气、具有现代气息、体现了重型汽车行业的特点。其网站色调以蓝色为主，辅色调及点睛色分别为白色和红色，网站首页版式及子页版式布局如图 1-2 和图 1-3 所示。

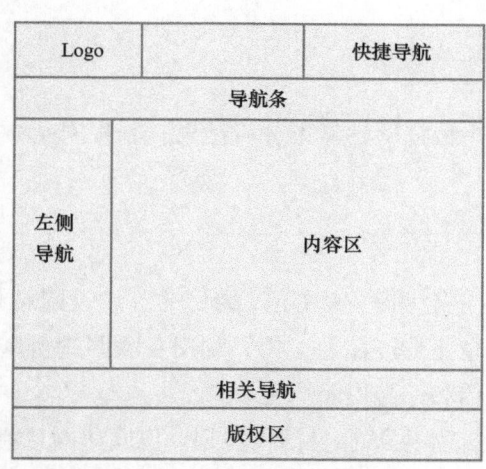

图 1-2　网站首页版式布局　　　　图 1-3　网站子页版式布局

❺ 网站技术解决方案。网站的开发语言为 HTML、CSS 及 JavaScript，网站技术解决方案见表 1-7。

表1-7　网站技术解决方案

功　　能	技术与软件
建站方式	购买虚拟机
操作系统	Windows 10
网站开发语言	HTML、CSS、JavaScript
界面设计、图像处理	Adobe Photoshop
网页制作	Adobe Dreamweaver
网站测试	IE、IEtest、Firefox、Chrome

❻ 网站建设时间安排。网站建设时间安排见表 1-8。

表1-8　网站建设时间安排

时　　间	任 务 内 容	负 责 人
2 月 15 日—28 日	与客户沟通、收集资料、需求分析、制定建设方案	项目经理
3 月 1 日—10 日	制作网站设计稿，与客户沟通、确认	项目经理、网站用户界面设计人员
3 月 11 日—25 日	网站页面制作	网站制作员
3 月 26 日—31 日	网站测试、优化、交付	网站制作员
4 月 1 日—7 日	网站发布、推广	网站制作员、项目经理

任务 3　网站总体设计

任务要求

　　根据网站建设的目的进行网站的总体设计，包括网站 Logo、目录结构、整体形象、页面尺寸、页面版式及配色方案等方面的设计。

操作提示

　　❶ 网站 Logo 设计。网站 Logo 主要体现企业的形象和内涵，一般使用简洁的符号通过艺术设计手法进行表现，以达到突出主题、引人注意的效果。武汉恒欣达汽车销售有限公司为中国重型汽车集团有限公司（以下简称"中国重汽"）的特约经销商，因此网站 Logo 引用了中国重汽的图标图案（CNHTC），再加上公司名称，如图 1-4 所示。

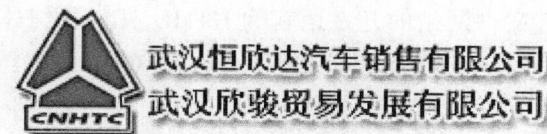

图 1-4   网站 Logo 设计稿

❷ 网站目录结构设计。创建合理的网站目录结构，便于网站各类资源的存放及管理，也有利于网站的维护和扩展。根据网站的栏目、资源及内容进行设计，得到网站目录结构，如图 1-5 所示。

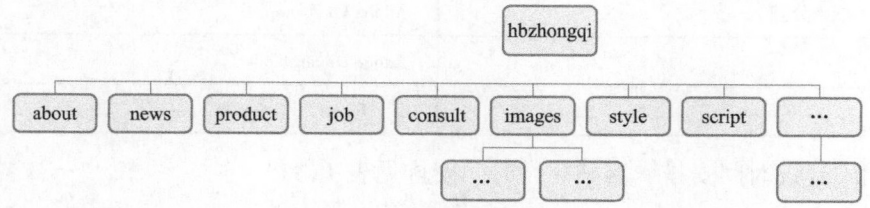

图 1-5   网站目录结构图

❸ 网站整体形象设计。不同的页面形状代表不同的意义，如圆形代表柔和、团结，三角形代表牢固、力量，矩形代表正式、规则有序、简洁明了、平稳牢固，平行四边形具有强烈的动感等。由于恒欣达网站风格主要突出稳重、大方的特点，因此以矩形进行设计。

❹ 网站页面尺寸设计。页面尺寸需考虑现行显示器及其分辨率，一般分辨率为 1024px×768px 的情况下，页面尺寸为 1000px×600px。另外，设计人员还需考虑不同显示设备的页面显示高度会有所不同，如宽屏、普屏等。本网站首页面主要以展示公司产品为主，且产品图片较大，初步确定页面尺寸为 1000px×800px。

❺ 网站首页版式设计。首页是网站的入口，是网站内容及功能的概括和集中展示。根据规划，首页应以产品图片展示为主，结合企业的一般布局模式，设计得到的网站首页版式如图 1-6 所示。

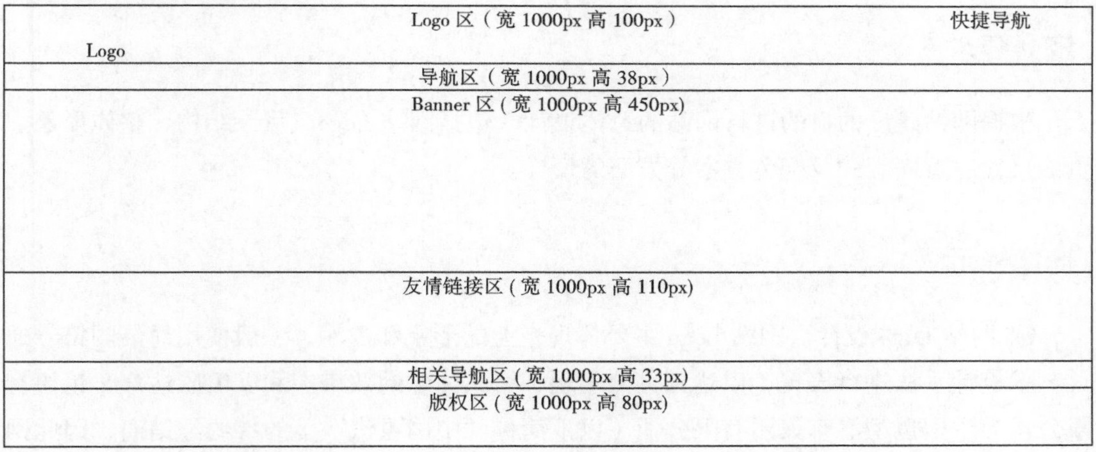

Logo 区（宽 1000px 高 100px）	快捷导航
Logo	
导航区（宽 1000px 高 38px）	
Banner 区（宽 1000px 高 450px）	
友情链接区（宽 1000px 高 110px）	
相关导航区（宽 1000px 高 33px）	
版权区（宽 1000px 高 80px）	

图 1-6   首页版式设计初稿

❻ 网站子页版式设计。子页以展示栏目内容为主，包括公司简介、新闻、产品、招聘等内容。因此，子页版式选择拐角型框架布局，如图 1-7 所示。

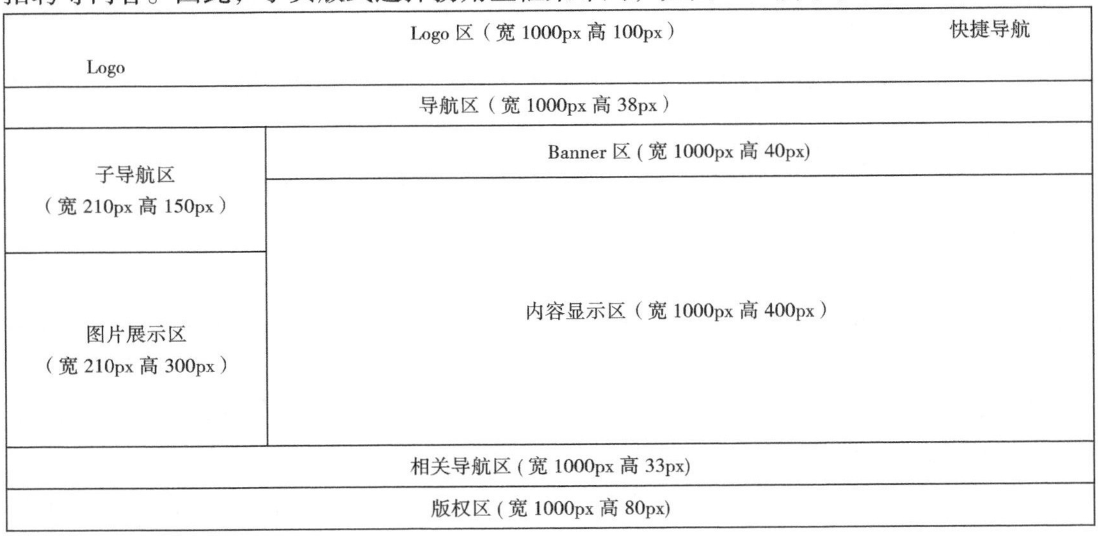

Logo 区（宽 1000px 高 100px）		快捷导航
Logo		
导航区（宽 1000px 高 38px）		
子导航区 （宽 210px 高 150px）	Banner 区（宽 1000px 高 40px）	
图片展示区 （宽 210px 高 300px）	内容显示区（宽 1000px 高 400px）	
相关导航区（宽 1000px 高 33px）		
版权区（宽 1000px 高 80px）		

图 1-7　子页版式设计初稿

❼ 网站配色方案设计。根据网站风格需要，并参考机械类网站配色方案，确定网站主色调为蓝色（#0099CC），辅色调为白色（#FFFFFF），点睛色为红色（#FF0000）。

知识拓展

一、网页的基本概念

在现代信息化的社会，人们无论是通过计算机，还是通过手机等设备，都可以在互联网上冲浪。在互联网上看到的就是网页，它是由若干种代码编写的文件形式，上面有文字、图片、音乐、视频等丰富的资源。

网页是构成网站的基本元素，是承载各种网站应用的平台。如果把一个网站比作一本书，那么网页就是这本书的一页。一个企业网站是由许多相互关联的网页组成的。

网页是一个文件，是由 HTML（超文本标识语言）或者其他语言编写的，是通过 IE 等浏览器编译后供用户获取信息的页面，它又称为 Web 页。网页由网址（Uniform Resource Locator，URL）来识别与存取，是万维网中的一"页"，是一种超文本标记语言格式（标准通用标记语言的一个应用，文件扩展名为".html"或".htm"）。

（1）网页元素　一个标准的网页一般由四部分组成：内容、结构、表现和行为。内容是网页要传达的信息，如网页中所显示的文字、数据、图片等；结构是使用结构化的方法对网页中用到的信息进行整理和分类，使内容更具条理性、逻辑性和易读性；表现是使用表现技术对已经被结构化的信息进行显示上的控制，如版式、颜色和大小等样式的控制；行为是指网页的交互操作。

网页的基本元素包括文本、图像、动画、声音和视频。

1）文本：文本是网页最重要的信息载体和交流工具，网页中的主要信息一般以文本形式为主。

2）图像：图像元素在网页中具有提供信息并展示直观形象的作用。网页中的图像格式通常为 GIF、JPEG 或 PNG。

3）动画：动画在网页中的作用是有效地吸引访问者的注意力。

4）声音：声音是多媒体和视频网页的重要组成部分。

5）视频：视频文件的采用使网页效果更加精彩且富有动感。

另外，从网页的构成看，网页由 Logo、Banner、导航栏、内容栏及页脚组成，这些是网页的必要版块，如图 1-8 所示。

1）Logo：Logo（译为标识，标志等）是整个网站对外唯一的标识和标志，是网站商标和品牌的图形表现。

2）Banner：Banner 的中文意思为旗帜或网幅，是一种可以由文本、图像和动画相结合而成的网页栏目。

3）导航栏：导航栏是网页重要的设计内容，网页中的导航栏是帮助用户快速访问所需内容的辅助工具。

4）内容栏：内容栏是网页内容的主体，通常可以由一个或多个子栏组成，包含网页提供的所有信息和服务项目。

5）页脚：页脚是整个网页的收尾部分。它主要用于声明网页的版权、法律依据以及为用户提供各种提示信息等。

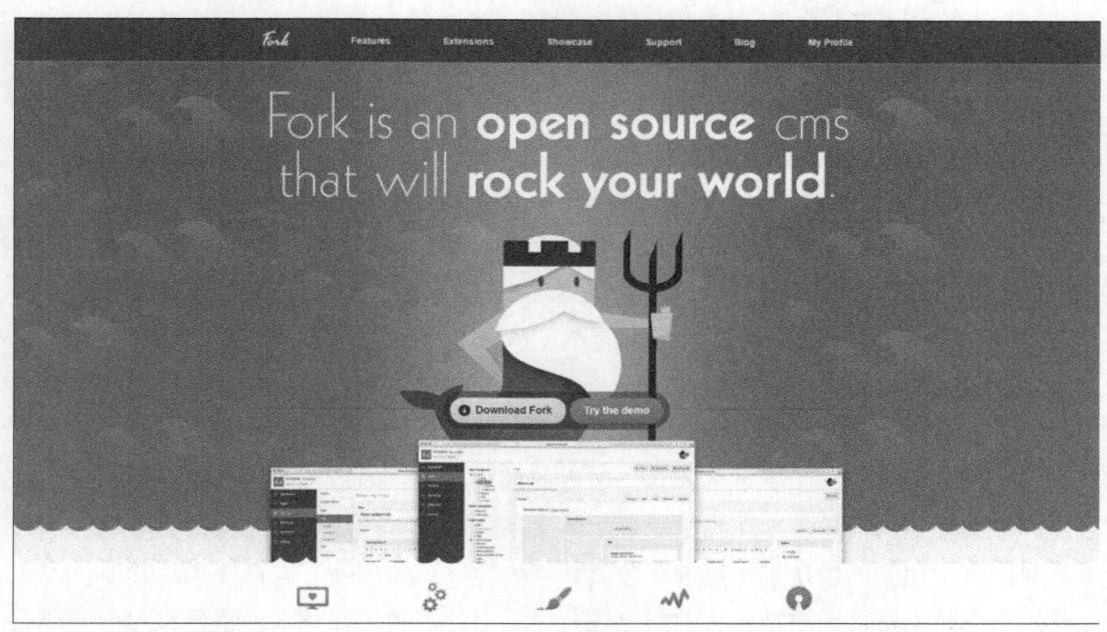

图 1-8　网页基本构成

（2）网页分类　网页可分为静态网页和动态网页。

1）静态网页的内容是预先确定的，并存储在 Web 服务器或者本地计算机／服务器上。

2）动态网页的内容取决于用户提供的参数，是根据存储在数据库中网站上的数据来创建的页面。

二、网站建设流程

企业网站建设的一般流程如下：

（1）企业提出需求　企业通过面谈、电话、电子邮件或在线订单等方式提出自己对网站建设的基本需求，涉及内容包括公司介绍、栏目描述、网站基本功能需求、基本设计要求等。

（2）设计建设方案　根据企业的要求和实际状况，开发人员设计适合企业的网站方案。是选择虚拟主机服务，还是自己购置服务器，这些需要根据企业量身定做。

（3）查询申请域名　根据企业的需要，决定网站使用国际域名还是国内域名。域名是企业网站在网络上的招牌，是一个名字，并不影响网站的功能和技术。如果登记国际域名，开发人员就必须向国际互联网络管理中心申请，国内域名则向中国互联网络信息中心登记。

（4）网站系统规划　网站是发布公司产品与服务信息的平台，所以网站的内容非常重要。一个好的网站，不仅是网络版的企业全貌和产品目录，还必须给网站浏览者，即企业的潜在客户提供方便的浏览导航，具有合理的动态结构设计，适合企业商务发展的功能构件，如信息发布系统、产品展示系统、丰富实用的资讯和互动空间等。开发人员应根据企业的材料精心规划，提交出一份网站建设方案书。

（5）确定合作双方　以面谈、电话或电子邮件等方式，双方针对项目内容和具体需求进行协商。双方认可后，签署《网站建设合同书》。

（6）网站内容整理　根据网站建设方案，由企业整理出一份与企业网站栏目相关的内容材料（电子文档和图片等），开发人员对相关文字和图片进行详细的处理、设计、排版、扫描、制作，这一过程需要企业给予积极的配合。

（7）网页设计、制作、修改　一旦网站的内容与结构确定之后，下一步的工作就是进行网页设计和程序开发。网页设计关乎企业形象，一个好的网页设计，能够在信息发布的同时对企业的理念以及宗旨做出准确的诠释。

（8）网站提交给企业审核并发布　网站设计、制作、修改、程序开发完成后，提交给企业审核，企业确认后，支付网站建设余款。同时，网站程序及相关文件上传到网站运行的服务器，至此网站正式开通并对外发布。

（9）网站推广及后期维护　在网络上建立了一个自己的网站，这是企业上网的一个重要标志，但还不等于说就大功告成了。因为一个设计新颖、功能齐全的网站，如果没有人来看就起不到应有的作用。为了能让更多的人来浏览企业的网站，必须有一个详尽而专业的网站推广方案，包括登录著名的网络搜索引擎、发布网络广告、群发推广邮件、互换 Logo 链接等。

三、网页布局类型

网页布局大致可分为以下类型：

（1）"国"字形　这种类型也可以称为"同"字形，是一些大型网站所喜欢的类型，即最上面是网站的标题以及横幅广告条，接下来就是网站的主要内容，左右分列两小条内容，中间是主要部分，与左右一起罗列到底部，最下面是网站的一些基本信息、联系方式、版权声明等。这种类型是人们在网上见到的最多的一种结构类型，如图 1-9 所示。

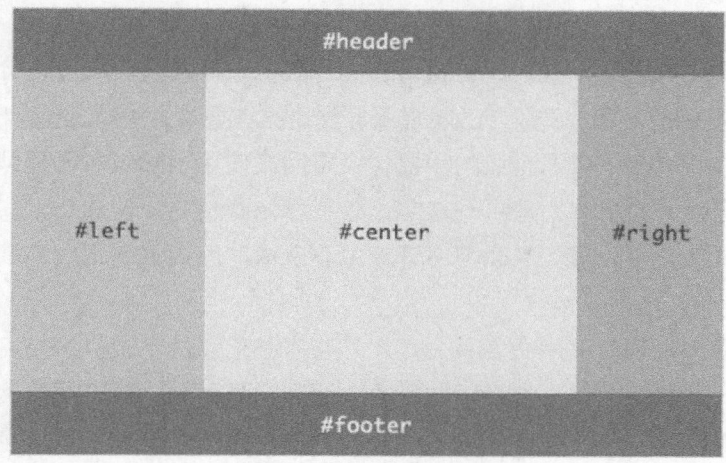

图 1-9　"国"字形布局

（2）拐角形　也称匡字形，这种类型与上一种其实只是形式上的区别，是非常相近的，最上面是标题及广告横幅，接下来的左侧是一系列较窄的链接等，右列是很宽的正文，下面也是一些网站的辅助信息，如图 1-10 所示。

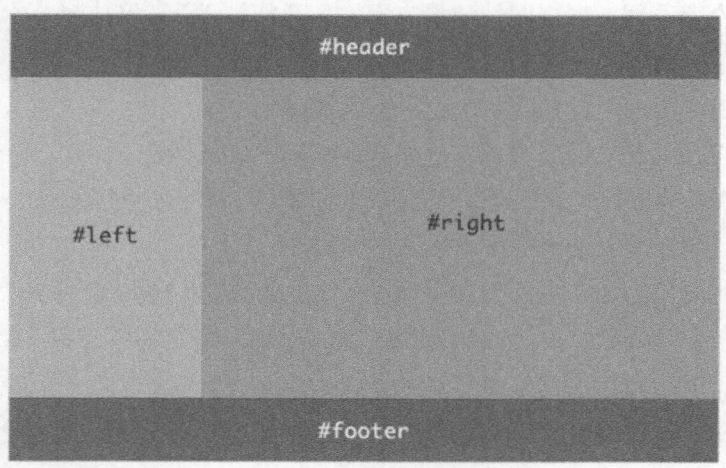

图 1-10　拐角形布局

（3）标题正文型　这种类型即最上面是标题或类似标题的一些东西，下面是正文，如一些文章页面或注册页面等。

（4）封面型　这种类型通常出现在一些网站的首页（或引导页），大部分为一些精美的平面设计结合一些小的动画，放上几个简单的链接或者一个"进入"链接，甚至直接在首页的图片上创建链接而没有任何提示。这种类型大部分出现在企业网站和个人主页之中，如图1-11所示。

图1-11　封面型布局

（5）变化型　这种类型是上面几种类型的结合与变化。

四、网页色彩搭配

（1）网页的颜色原理和象征意义　网页上的颜色有三种表示方法：一是颜色的英文单词，如红色为red；二是用六位十六进制数来表示，如"#000000"表示黑色，"#FF0000"表示红色；三是使用RGB来表示，如RGB（255，0，0）表示红色。

不同的颜色往往有着不同的含义，给人以各种丰富的感觉和联想。各种颜色的含义如下：

1）红色：热情、奔放、喜悦、庄严。

2）黄色：高贵、富有、灿烂、活泼。

3）黑色：严肃、夜晚、沉着。

4）白色：纯洁、简单、洁净。

5）蓝色：天空、清爽、科技。

6）绿色：植物、生命、生机。

7）灰色：庄重、沉稳。

8）紫色：浪漫、富贵。

9）棕色：大地、厚朴。

（2）网页颜色的使用风格　不同的网站有着自己不同的风格，因而采用不同的颜色。网站使用的颜色大概分为以下几种类型：

1）公司色：对现代企业而言，企业形象尤为重要，每一个企业的企业形象设计必然要有标准的颜色，如新浪网的主色调是一种介于浅黄和深黄之间的颜色，同时形象宣传、海报、广告使用的颜色都和网站的颜色一致。

2）风格色：许多网站使用的颜色秉承公司的风格。例如：女性网站使用粉红色的较多；大公司使用蓝色的较多……这些都是在突出自己的风格。

3）习惯色：有些网站的颜色使用全凭自己的个人爱好，个人网站较多使用习惯色，比如自己喜欢红色、紫色、黑色等，在做网站的时候就倾向于这种颜色。每一个人都有自己喜欢的颜色，因此这种类型称为习惯色。

（3）色彩搭配　如何运用最简单的色彩表达最丰富的含义、体现企业形象是网页设计人员需要不断学习和探索的课题。

1）运用相同色系色彩：所谓相同色系是指几种色彩在色相环上的位置十分相近，或同一色彩不同明度的几种色彩。这种搭配的优点是网页色彩趋于一致，对于网页设计新手有很好的借鉴作用，这种用色方式容易塑造网页和谐统一的氛围；缺点是容易造成页面的单调，因此往往利用局部加入对比色来增加变化，如局部对比色彩的图片等。这种方法不失为一种设计的好方法，如图1-12所示。

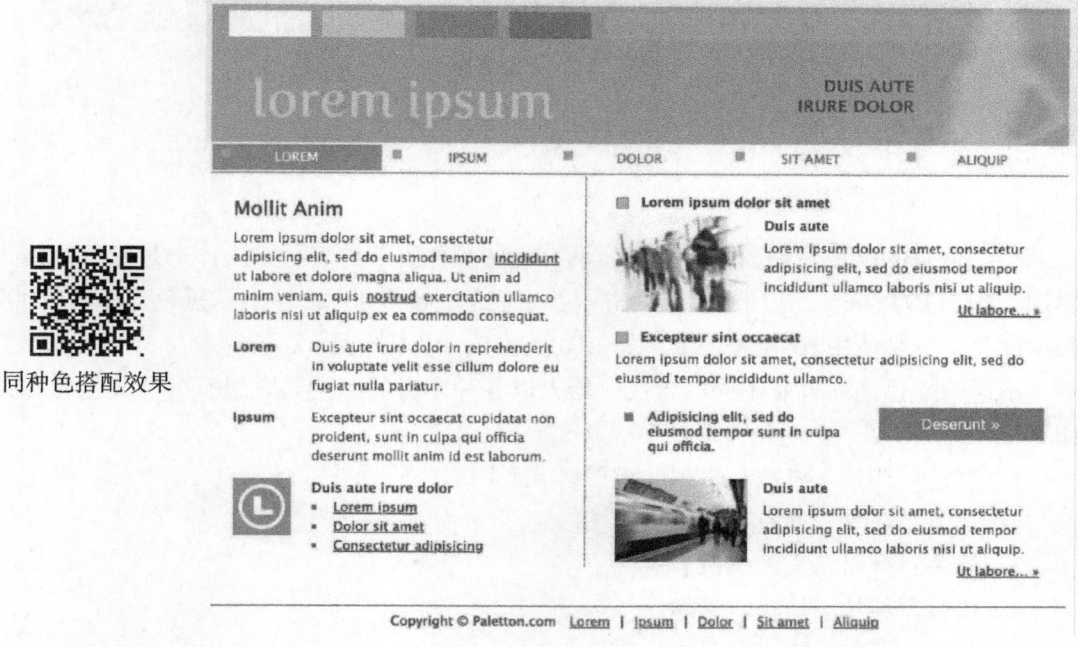

同种色搭配效果

图1-12　同种色搭配

2）运用对比色或互补色：所谓对比色是指色相环相距较远，视觉效果鲜亮、强烈的色彩；互补色则是色相环上相距最远的两种色彩，其对比关系最强烈、最富有刺激性，往往使画面十分突出，这种用色方式容易塑造活泼、动感的网页效果，特别适合体现轻松、积极素材的网站。这两种用色方式在实际应用中要注意主体色彩的运用，即以一种或两种色彩为主，其他色彩为辅，不要几种色彩等量使用，以免造成色彩的混乱，如图 1-13 所示。

对比色搭配效果

图 1-13　对比色搭配

3）使用过渡色：过渡色能够将几种不协调的色彩统一起来，在网页中合理地使用过渡色能够使色彩搭配更上一层楼。过渡色包括的形式有：两种色彩的中间色调；单色中混入黑、白、灰进行调和；单色中混入一种色彩进行调和等。

能力拓展

一、网站 Logo 设计

任务要求

扫码观看网站 Logo 设计微课

利用 Photoshop 软件制作网站 Logo。

最终效果

网站 Logo 的最终效果如图 1-14 所示。

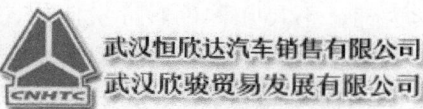

图 1-14　网站 Logo 效果图

操作提示

❶ 启动 Photoshop，选择菜单"文件"→"新建"命令，新建宽度为 680px、高度为 180px 的图像文档，如图 1-15 所示。

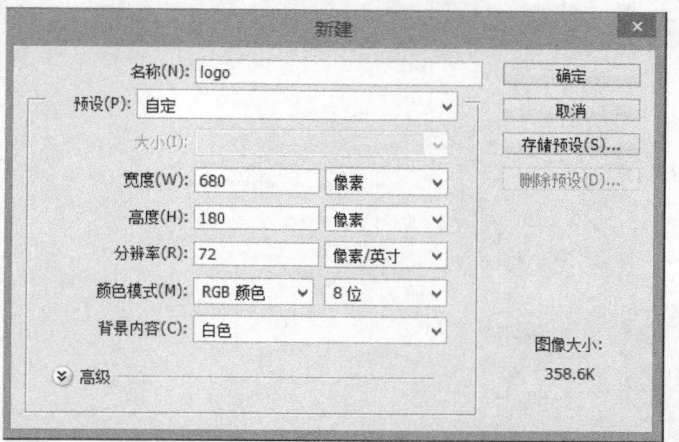

图 1-15　"新建"对话框

❷ 打开项目 1 提供的素材"s1-1.jpg"，选择重汽图标，拖至 logo 文档中。选择菜单"编辑"→"变形"→"缩放"命令，或按 <Ctrl+T> 快捷键，将重汽图标缩放到合适的大小，如图 1-16 所示。

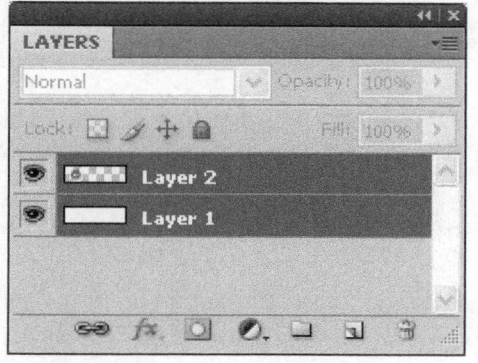

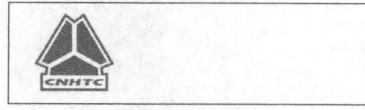

图 1-16　添加重汽图标

❸ 在工具栏中选择"文字工具"，设置字体格式为"黑体"、大小为"40点"，如图 1-17 所示。

图 1-17　"文字工具"属性设置

❹ 分别输入"武汉恒欣达汽车销售有限公司"和"武汉欣骏贸易发展有限公司"。

❺ 选择菜单"图层"→"图层样式"→"投影"命令，设置文字的投影及描边，如图 1-18 所示。

❻ 最终效果如图 1-14 所示，保存为"logo.psd"，并另存为"logo.jpg"文件。

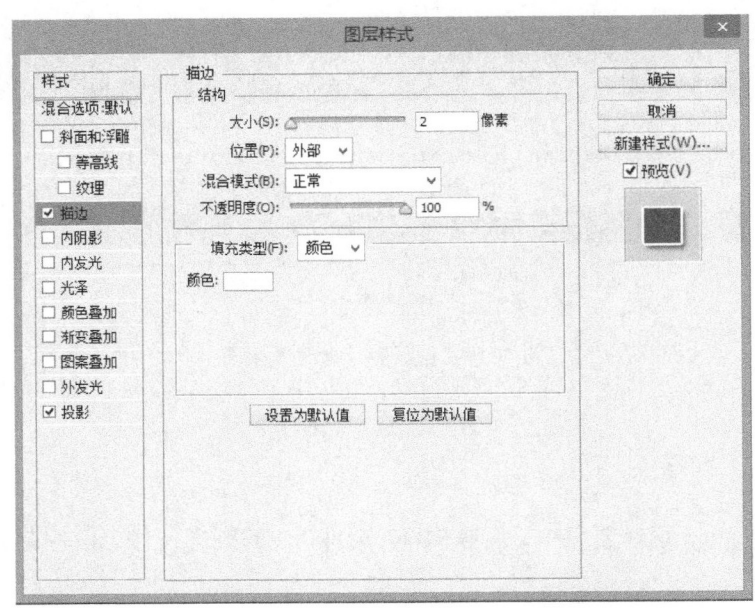

图 1-18　添加图层样式

二、网站首页版式设计

任务要求

扫码观看网站首页版式设计微课

利用 Photoshop 软件设计网站首页版式，掌握页面设计的方法及制作技巧。

最终效果

首页版式的最终效果如图 1-19 所示。

图 1-19 首页版式最终效果图

操作提示

❶ 在 Photoshop 编辑窗口中，新建 1000px×800px 的图像文件，白色背景，如图 1-20 所示。

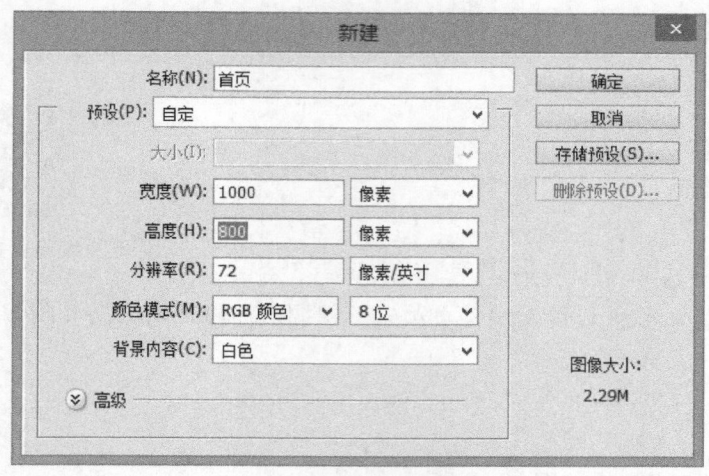

图 1-20 "新建"对话框

❷将页面分成页眉、导航、横幅广告、友情链接、页脚五部分，并在图层面板分别创建"Logo"组、"Nav"组、"Banner"组、"Link"组和"foot"组，如图1-21所示。

图1-21　首页图像图层组

❸在"Logo"组下新建"LogoBg"图层，选择"选框工具"，并设置其固定大小为1000px×100px，如图1-22所示。

图1-22　"Logo"区域属性设置

❹选择"线性渐变工具"，设置渐变色：前景色为"#FFFFFF"，背景色为"#0099CC"。以选区的中间位置为起点，按住<Shift>键进行拖放，效果如图1-23所示。

图1-23　"LogoBg"图层效果

❺选择菜单"文件"→"置入"命令，将logo图像插入"Logo"区域，并调整至合适的位置，效果如图1-19所示。

❻在"Logo"组下新建"LogoRight"图层，选择"钢笔工具"，在距离右边界1/3处绘制如图1-24所示封闭路径。

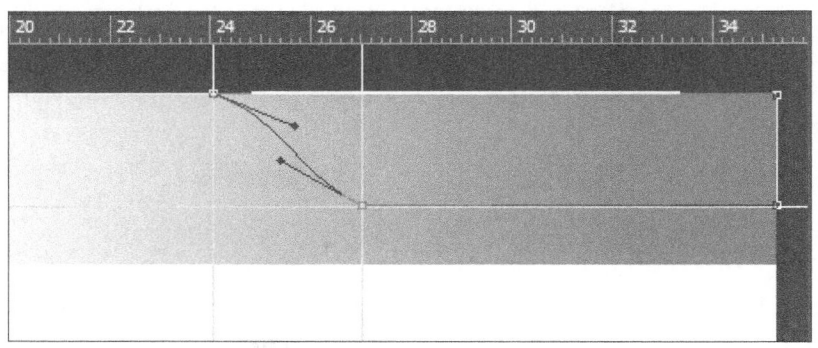

图1-24　绘制封闭路径

⑦ 按 <Ctrl+Enter> 组合键，将路径转换为选区，将区域填充为"白色"，如图 1-19 所示。

⑧ 选择菜单"文件"→"置入"命令，分别将"联系我们""公司邮箱"和"收藏本站"的对应图标插入"Logo"区域，并调整其位置，如图 1-20 所示。

⑨ 选择"文字工具"，分别创建"联系我们""公司邮箱"和"收藏本站"三个文字图层，如图 1-25 所示。

⑩ 在"Nav"组下新建"NavBg"图层，选择"选框工具"，设置其固定大小为"1000px×38px"，填充前景色为"#19a4c2"。

⑪ 修改选框的固定大小为"1000px×1px"，在距离上边缘 1px 处，填充前景色为"#c7deec"，如图 1-26 所示。

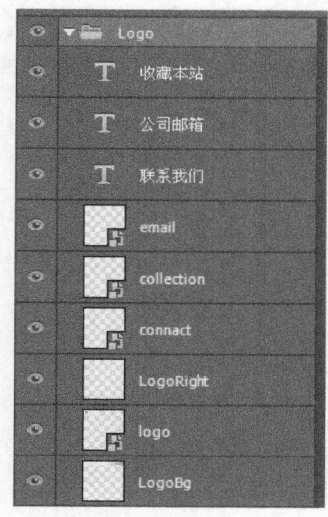

图 1-25 "Logo"组图层

⑫ 修改选框的固定大小为"1000px×18px"，距离上边缘 2px 处，填充前景色为"#6fc4d9"、背景色为"#32aac6"的渐变效果，如图 1-27 所示。

图 1-26 像素灰色线条图

图 1-27 像素渐变色区域

⑬ 新建导航分隔线图层，将选框的固定大小设置为"1px×38px"，分别绘制两根 1px 的填充色为"#1a92ae"和"#c7deec"的垂直线条，填充颜色时将两线条水平并放在一起。然后添加蒙版图层，设置"渐变工具"，如图 1-28 所示，并拖动渐变滑块，效果如图 1-19 所示。

图 1-28 "渐变编辑器"对话框

⑭ 按照相同的方法制作其他分隔线，或复制六个相同的图层，并将其平均分布。

⑮ 创建导航文字图层，设置字体为"宋体"、大小为"14 点"、消除锯齿方式为"无"，如图 1-29 所示。输入对应导航文字，并调整其位置。

图 1-29　导航文字的属性设置

⑯ 创建"hover 效果"图层。在工具栏中选择"圆角矩形工具"，在"属性"面板切换至"形状"选项，并设置填充颜色为"#ffffff"、固定大小为 102px×25px、半径为 8px，如图 1-30 所示。

图 1-30　"hover 效果"图层"圆角矩形工具"属性设置

⑰ 绘制圆角矩形，并将该图层的透明度调整为"25%"，完成导航区域的制作，相关图层如图 1-31 所示。

⑱ 选择"Banner"组，选择菜单"文件"→"置入"命令，插入 Banner 广告图像，按住 <Shift> 键将图像放大至 1000px，并以中心点为原点，定位图像的 X 值和 Y 值的参数如图 1-32 所示。

⑲ 在"Link"组下新建"LinkBg"图层，设置"选框工具"的固定大小为 1000px×110px，并将选区填充为白色。

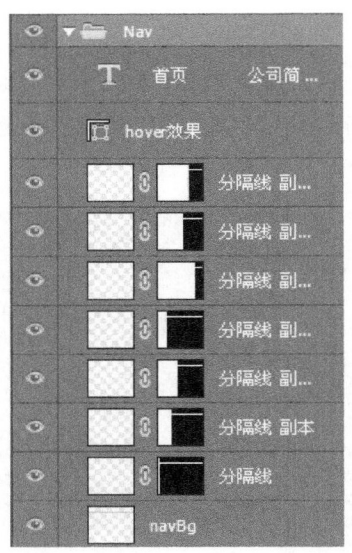

图 1-31　"Nav"组图层

图 1-32　置入图像参数设置

⑳ 新建"LinkBorder"图层，选择"圆角矩形工具"，设置圆角半径为 5px，固定大小为 980px×93px，如图 1-33 所示。绘制路径，并以"#cfcfcf"的颜色进行描边、大小为 1px。

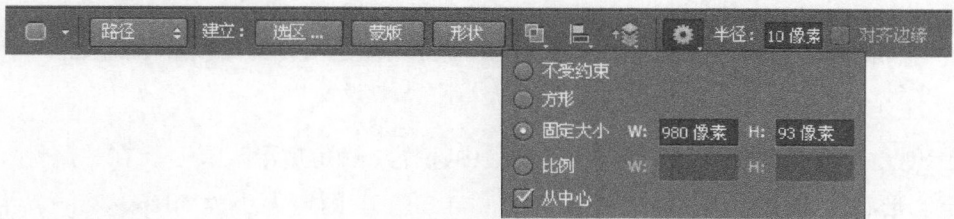

图 1-33　圆角矩形设置

㉑ 将圆角矩形选区缩小至 25px 的高度，选择"对称渐变工具"，设置渐变前景色为"#eeeeee"、背景色为"#fdfdfd"，制作渐变效果如图 1-34 所示，并再次执行 1px 的描边，描边颜色仍为"#cfcfcf"。

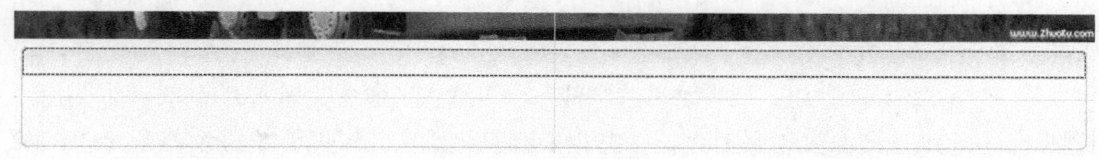

图 1-34　Link 标题栏背景渐变效果

㉒ 创建"友情链接"文字图层，并选择"椭圆工具"，制作红色空心圆圈。

㉓ 创建文字图层，输入链接项文字。至此，完成 Link 部分的制作，相关图层如图 1-35 所示。

㉔ 在"foot"组下新建"相关导航背景"图层，设置"选框工具"的固定大小为 1000px×33px，绘制区域并填充颜色为"#5db9cf"，然后在顶部填充 3px 的"#199dba"颜色，完成底部导航背景的制作。

图 1-35　"Link"组图层

㉕ 新建"浮雕"图层，选择"钢笔工具"，绘制如图 1-36 所示路径，将路径转换成选区，并填充白色背景。

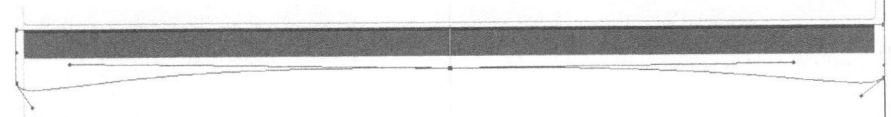

图 1-36　"FootBg"图层路径

㉖ 为"浮雕"图层添加斜面和浮雕及投影效果，相关参数设置如图 1-37 所示。

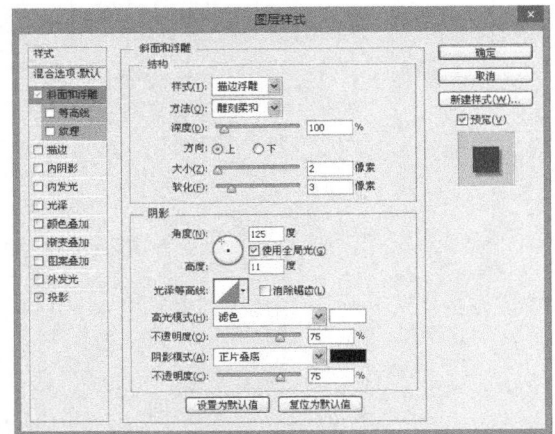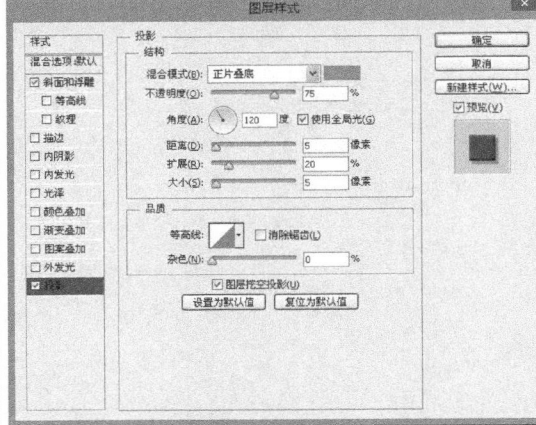

图 1-37　"FootBg"图层样式设置

㉗ 创建文字图层，输入导航文字及页脚文字信息，最终效果如图 1-38 所示。

图 1-38　"foot"组图层

三、网站子页版式设计

扫码观看网站子页版式设计微课

任务要求

利用 Photoshop 软件设计网站子页版式，掌握页面设计的方法及制作技巧。

最终效果

网站子页版式的最终效果如图 1-39 所示。

图 1-39　网站子页版式的最终效果图

操作提示

❶ 打开首页文件 "index.psd"，将其另存为子页文件 "indexInside.psd"，并删除 "Banner" 组和 "Link" 组图层。

❷ 创建 "LeftTop" 组，在工具栏中选择 "圆角矩形工具"，设置其固定大小为 230px×150px，填充颜色为 "#f6f6f6"，描边颜色为 "#cfcfcf"，相关参数设置如图 1-40 所示，绘制 "新闻动态" 外边框。

图 1-40　"新闻动态" 外边框参数设置

❸ 再次选择 "圆角矩形工具"，设置其固定大小为 210px×100px，填充颜色为 "#ffffff"，描边颜色为 "#cfcfcf"，如图 1-41 所示，制作 "新闻动态" 内边框。

图 1-41　"新闻动态" 内边框的参数设置

❹ 新建"虚线"图层，选择"铅笔工具"，设置铅笔大小为 1px，硬度为"100%"，如图 1-42 所示。将图像放大至"800%"的状态下，隔 1px 的距离进行绘制，直至形成虚线。

图 1-42　"铅笔工具"属性设置

❺ 新建"三角形状"图层，在工具栏中选择"多边形工具"，设置多边形为"3"边，半径为 5px，如图 1-43 所示，绘制三角形状路径，并填充颜色为"#9a9a9a"。

图 1-43　"多边形工具"属性设置

❻ 创建文字图层，输入"行业动态"，并按照相同的方法制作"企业新闻"导航，最终效果如图 1-44 所示。

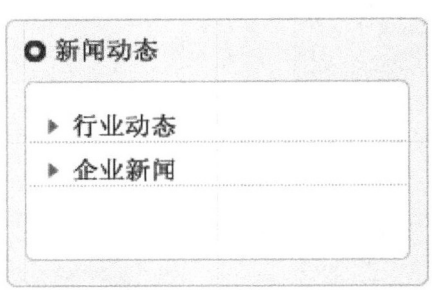

图 1-44　制作"企业新闻"导航

❼ 创建"方框"图层，制作"hover"状态下的导航栏效果。在工具栏中选择"矩形工具"，设置填充颜色为"#f6f6f6"，固定大小为 210px×25px，如图 1-45 所示。绘制矩形框后，将矩形框调整到合适的位置。

图 1-45　"矩形工具"属性设置

⑧ 选择菜单"图层"→"图层样式"→"投影"命令，"投影"参数设置如图 1-46 所示，正片叠底颜色为"#cccccc"。

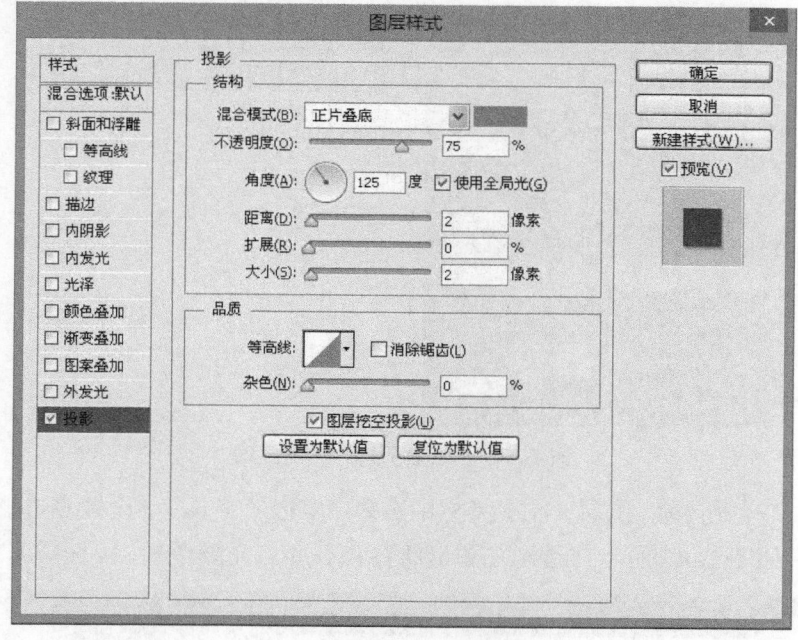

图 1-46 "投影"参数设置

⑨ 修改小三角形颜色及"企业新闻"文字颜色，最终"LeftTop"图层组如图 1-47 所示。

⑩ 创建"LeftDown"图层组，按照相同的方法制作图片展示框，效果如图 1-39 所示，"LeftDown"图层组如图 1-48 所示。

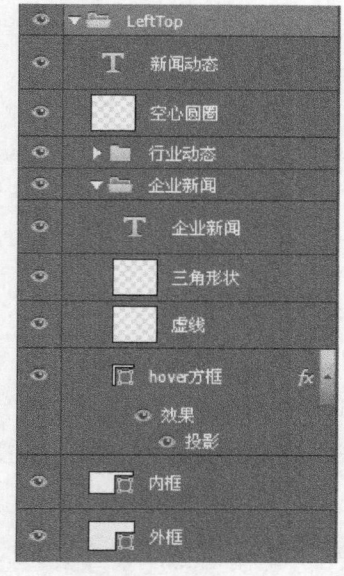

图 1-47 "LeftTop"图层组

图 1-48 "LeftDown"图层组

⑪ 创建"Right"图层组，制作位置导航。新建"TopNav"图层，选择"圆角矩形工具"，设置圆角半径为5px，固定大小为750px×40px，绘制路径，并填充颜色为"#cdf0e9"。

⑫ 选择"矩形选框工具"，设置其固定大小为165px×40px，选中导航前面部分，选择菜单"图层"→"新建"→"通过剪切的图层"命令，或按<Shift+Ctrl+J>组合键，生成"TopNavLeft"新图层。

⑬ 选择"多边形套索工具"，选定删除区域如图1-49所示，并分别在"TopNav"图层和"TopNavLeft"图层执行删除命令，如图1-39所示。

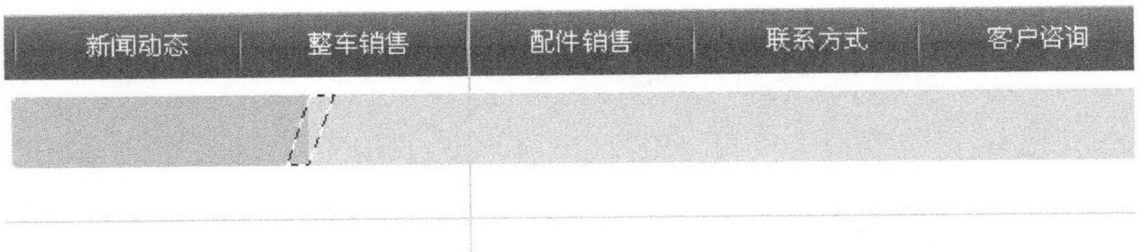

新闻动态	整车销售	配件销售	联系方式	客户咨询

图 1-49 位置导航删除选区

⑭ 选择"矩形工具"，制作"新闻列表"的方框，外框大小为730px×400px，内框大小为700px×350px。

⑮ 创建"新闻列表"文字图层及"三角形状"图层，完成右边内容区域的制作，"Right"图层组如图1-50所示。

图 1-50 "Right"图层组

项目二
网站开发环境配置

Adobe Dreamweaver，简称 DW，中文名称为梦想编织者，是美国 Macromedia 公司开发的网页编辑器，2005 年被 Adobe 公司收购。DW 是集网页制作和管理网站于一身的所见即所得网页代码编辑器，由于其对 HTML、CSS、JavaScript 等内容的支持，设计师和程序员可以利用它在几乎任何地方快速进行网站建设。本书以 Adobe Dreamweaver CC（以下简称 Dreamweaver CC）为读者讲解相关内容。

任务目标

◎ 掌握 Dreamweaver CC 软件的安装及设置方法
◎ 熟悉 Dreamweaver CC 软件的操作环境
◎ 掌握站点的创建及管理方法
◎ 掌握网页文档的基本操作
◎ 熟悉站点文件及文件夹的命名规范
◎ 能够制作简单的网页文档
◎ 了解网页 HTML 语言及语法结构
◎ 掌握常用的 HTML 标记

任务 1　Dreamweaver CC 软件的安装与设置

任务要求

在本地计算机上安装 Dreamweaver CC 软件，并进行相关设置，为网站的制作提供开发环境。

最终效果

Dreamweaver CC 初始界面如图 2-1 所示。

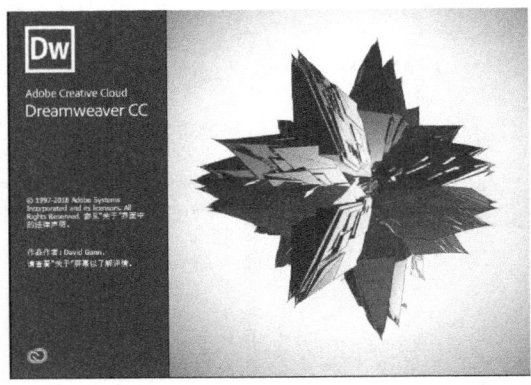

图 2-1　Dreamweaver CC 初始界面

操作提示

❶ 从互联网上下载 Dreamweaver CC 软件，双击 ".exe" 安装文件  Set-up，出现如图 2-2 所示的初始化安装程序界面。

图 2-2　初始化安装程序界面

❷ 安装程序初始化完毕后，进入如图 2-3 所示的安装界面。

❸ 单击"安装"按钮后，弹出软件许可协议对话框，单击"接受"按钮，出现如图 2-4 所示的"登录"对话框。

❹ 如果拥有 Adobe ID，则直接输入账号、密码进行登录；若没有，则单击"创建

Adobe ID"按钮，创建 Adobe ID 并设置密码，如图 2-5 所示。或者断开网络，直接跳过登录环节。

❺ 设置完成后，单击"创建"按钮，进入安装路径设置对话框，默认安装路径为"C:\Program Files\Adobe"，如图 2-6 所示。也可根据需要，更改为其他安装路径。

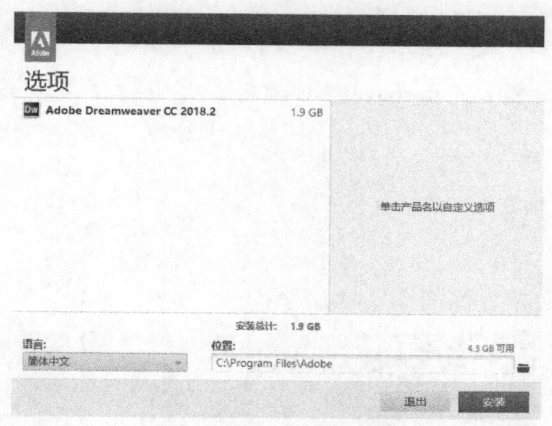

图 2-3　安装模式选择界面

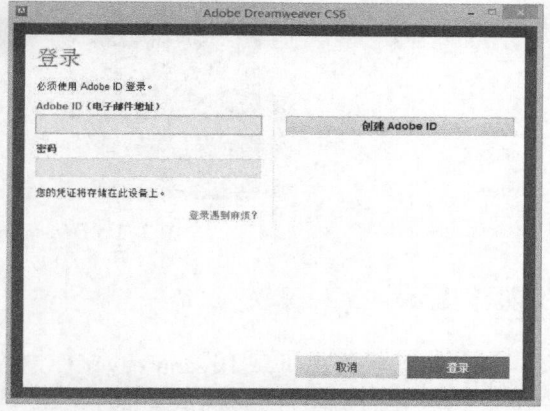

图 2-4　软件许可协议及"登录"对话框

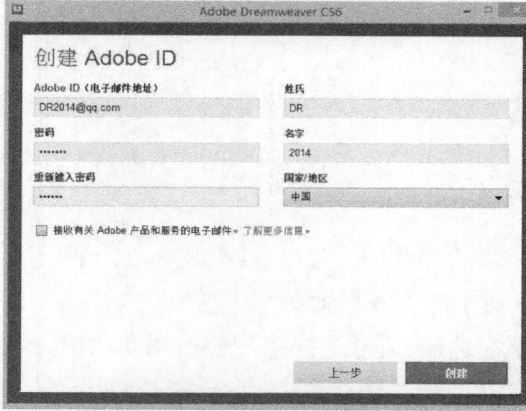

图 2-5　创建 Adobe ID

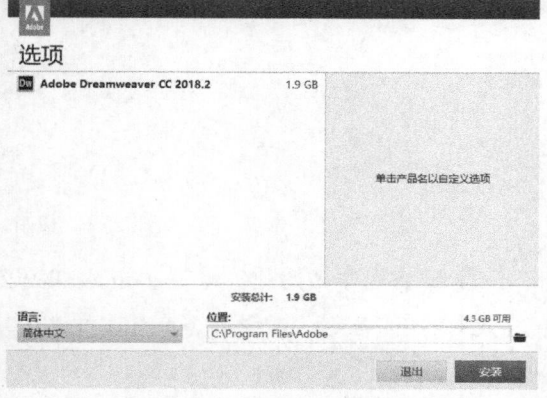

图 2-6　选择软件安装路径

❻ 单击"安装"按钮进行软件安装，如图 2-7 所示，安装完成后可立即使用。

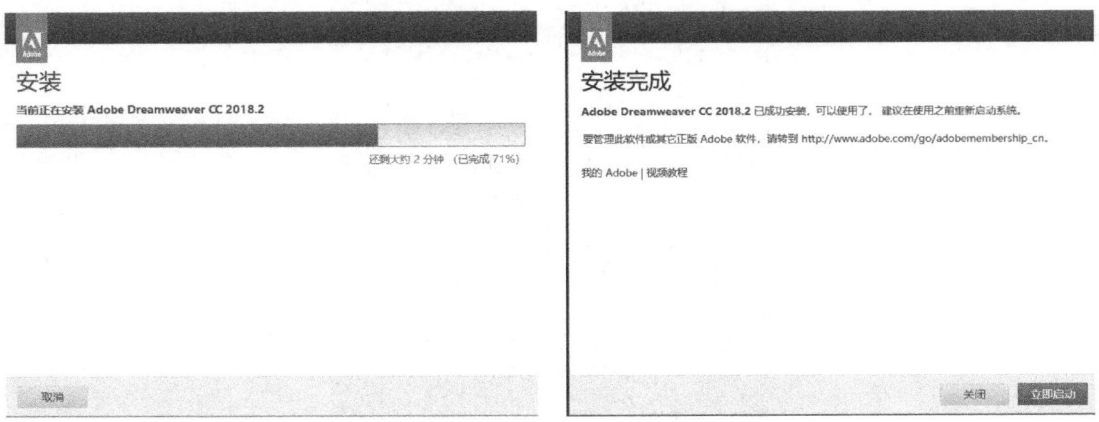

图 2-7　Dreamweaver CC 安装完成

❼ 至此，软件安装结束。首次打开出现"默认编辑器"对话框，如图 2-8 所示，提示关联文件，按照默认选项即可，单击"确定"按钮，进入 Dreamweaver CC 主界面。

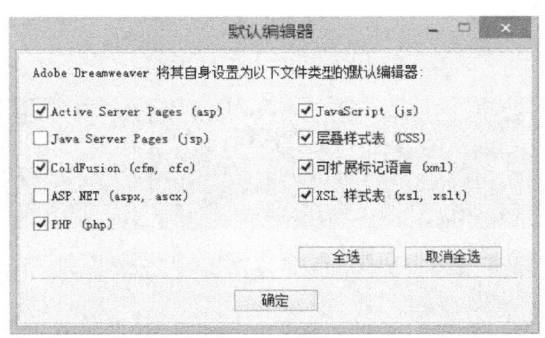

图 2-8　"默认编辑器"对话框

任务 2　站点的创建与管理

任务要求

Dreamweaver 提供了对本地站点和远程站点的强大的管理功能，利用 Dreamweaver 平台创建本地网站站点"hbzhongqi"，实现对站点资源的创建、编辑及管理。

最终效果

"hbzhongqi"站点最终效果如图 2-9 所示。

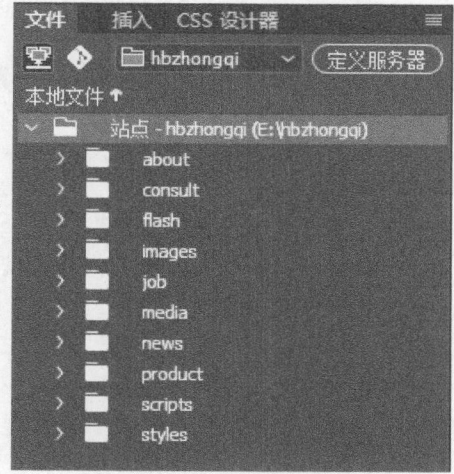

图 2-9　"hbzhongqi" 站点最终效果图

操作提示

❶ 在本地计算机上创建文件夹，如 "E:\hbzhongqi"。启动 Dreamweaver CC，初始界面如图 2-10 所示。

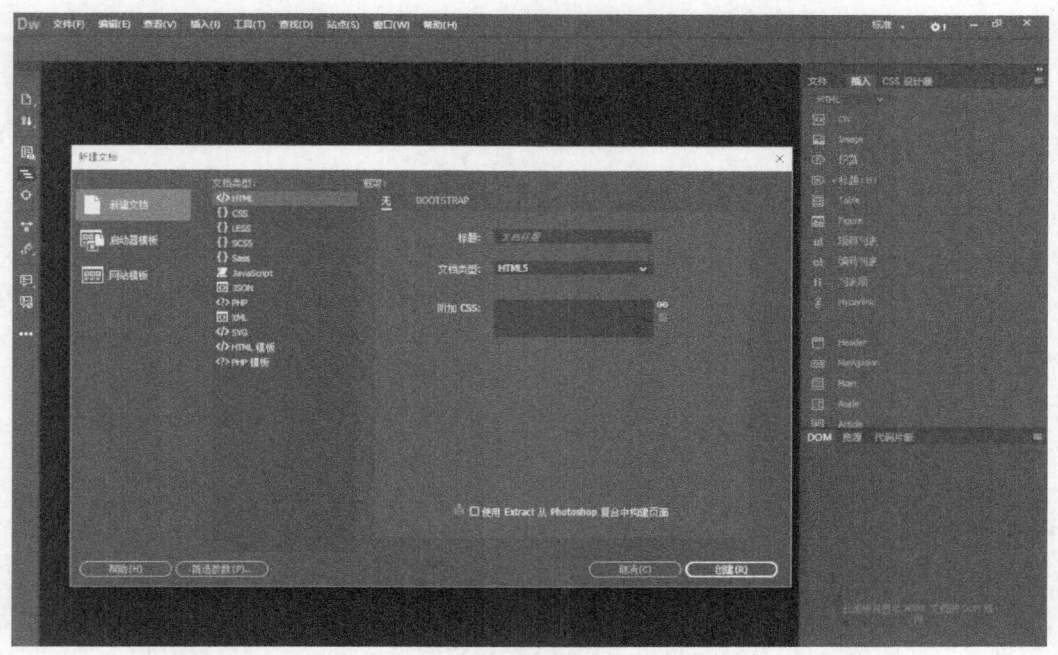

图 2-10　Dreamweaver CC 初始界面

❷ 选择菜单 "站点" → "新建站点" 命令，出现 "站点设置对象 hbzhongqi" 对话框，如图 2-11 所示。设置 "站点名称"，本例为 "hbzhongqi"；"本地站点文件夹" 即站点资源存储位置，本例为 "E:\hbzhongqi\"。

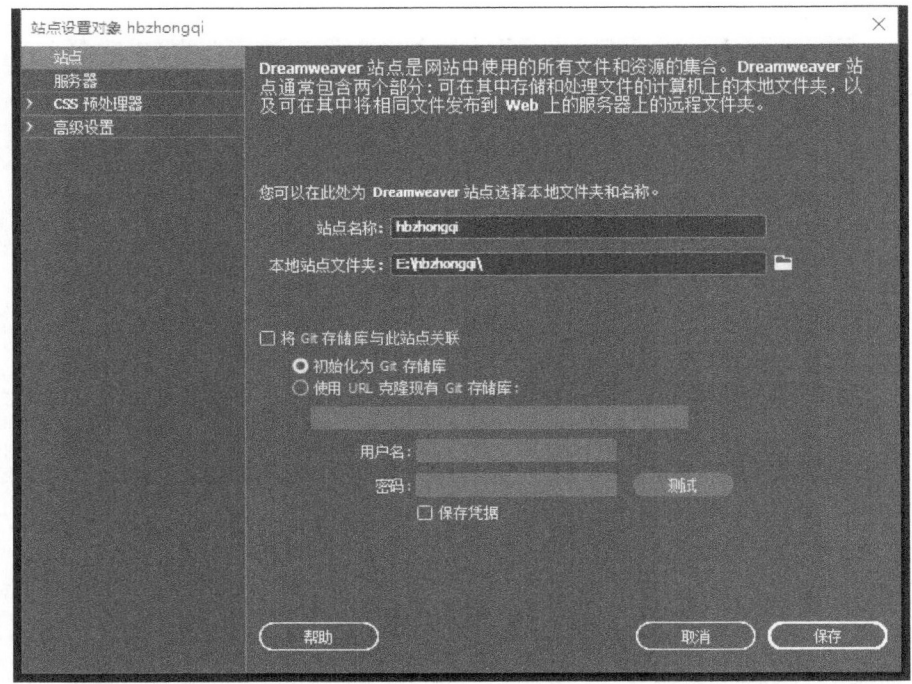

图 2-11　"站点设置对象 hbzhongqi"对话框

❸ 单击"保存"按钮，完成站点的创建。同时，站点相关资源出现在窗口右侧的"文件"面板中，如图 2-12 所示。

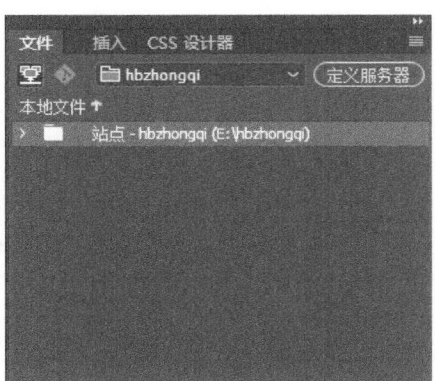

图 2-12　"文件"面板

❹ 在"文件"面板中，右击站点名称的图标，从弹出的快捷菜单中选择"新建文件夹"命令，新建的文件夹的默认名称为"untitled"，双击文件夹名称，将其重命名为"images"，如图 2-9 所示。

❺ 按照相同的方法，依次建立其他站点所需目录，如图 2-9 所示。

❻ 站点创建后可对站点信息进行编辑，方法如下：选择菜单"站点"→"管理站点"命令，出现"管理站点"对话框，如图 2-13 所示；双击站点名称进入如图 2-11 所示的"站点设置对象 hbzhongqi"对话框。

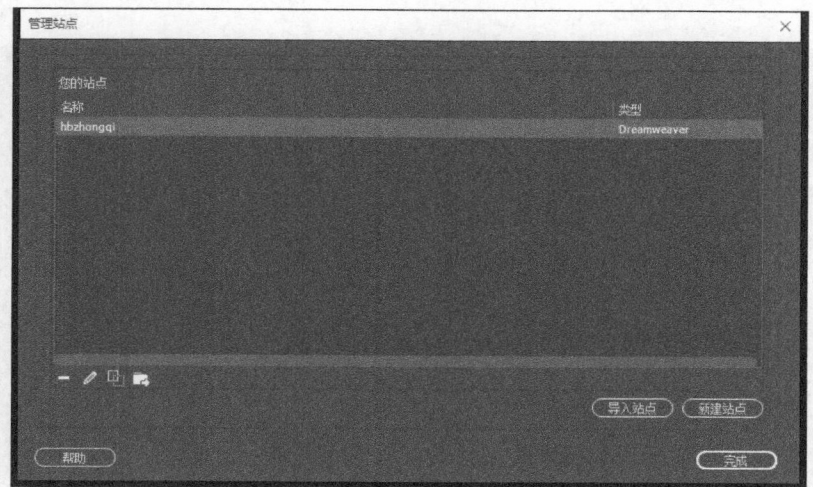

图 2-13 "管理站点"对话框

任务 3 站点文档的创建与编辑

扫码观看站点文档
的创建与编辑微课

任务要求

通过 Dreamweaver CC 文件面板创建网页文档，熟悉网页文档的操作及网页文本的编辑方法。

最终效果

网页文档的最终效果如图 2-14 所示。

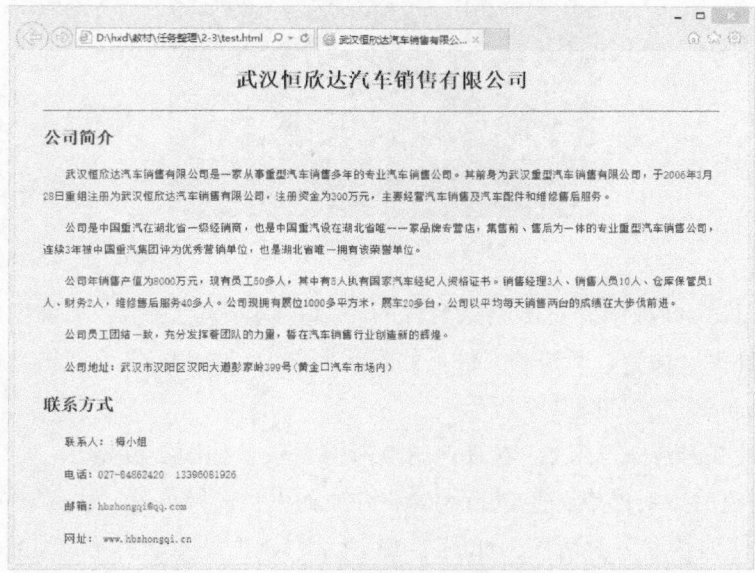

图 2-14 网页文档最终效果图

操作提示

❶ 在 Dreamweaver CC 窗口的"文件"面板中，右击站点名称的图标 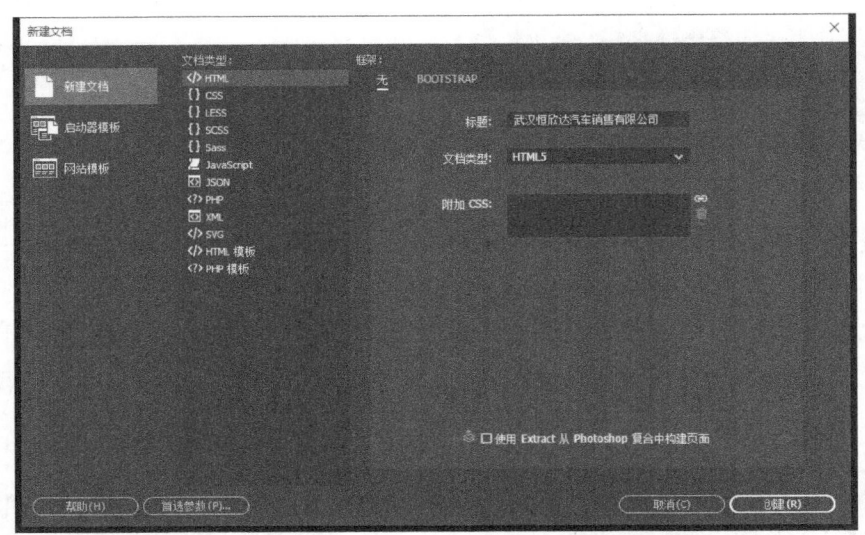 站点 - hbzhongqi ，从弹出的快捷菜单中选择"新建文件"命令，创建"test.html"网页文件；或选择菜单"文件"→"新建"命令，在出现的"新建文档"对话框中选择"文档类型"选项栏下"HTML"，如图 2-15 所示。

图 2-15　"新建文档"对话框

❷ 保存"test.html"网页文档。切换至界面右侧的"CSS 设计器"面板，单击"源"的"+"按钮，选择"在页面中定义"命令，如图 2-16 所示。接着，单击"选择器"的"+"按钮，输入"body"，并在对应的"属性"中找到"margin"，设置其参数值为"20px 30px 5px 30px"，如图 2-17 所示。切换至背景属性，设置"body"的背景色为"#CCFFFF"，如图 2-18 所示。

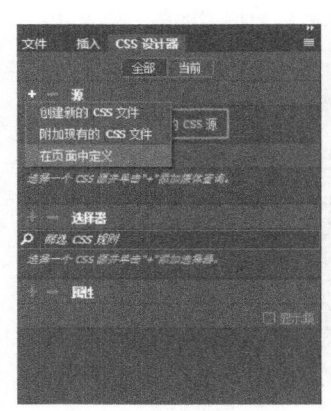

图 2-16　创建页面样式

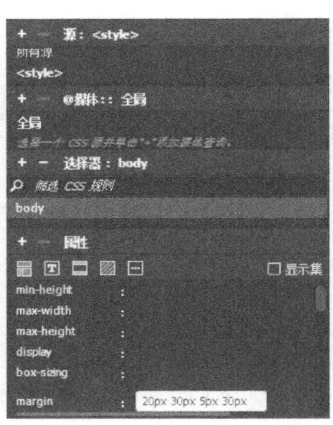

图 2-17　"body"边界属性设置　图 2-18　"body"背景属性设置

❸ 将实时视图切换至设计视图，从提供的素材中复制公司简介文本，选择菜单"编

辑"→"选择性粘贴"命令，弹出"选择性粘贴"对话框，如图2-19所示。将带结构（段落）的文本粘贴至文档设计窗口，效果如图2-20所示。

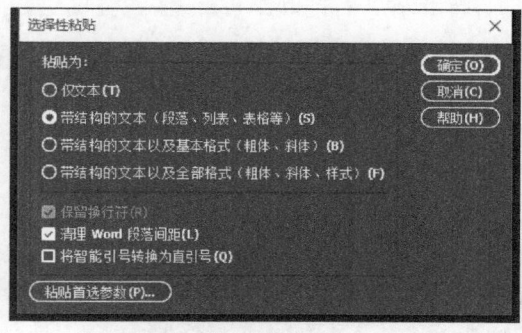

图2-19 "选择性粘贴"对话框

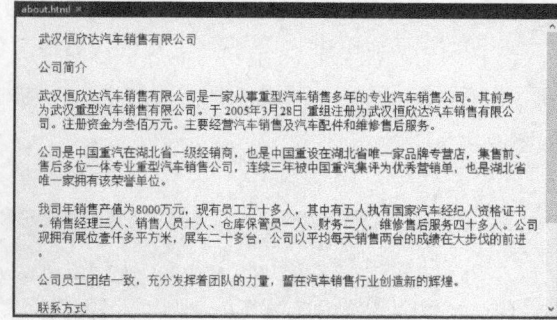

图2-20 粘贴文本效果

❹ 将光标定位于文字标题后面或下方，切换至右侧的"插入"面板，如图2-21所示，单击"水平线"选项，在标题下方插入水平线。

❺ 选择标题文字，保持文字处于选中状态，在"插入"面板中，单击"标题"选项，如图2-22所示。在弹出的列表中选择"H2"。使用相同方法设置"公司简介""联系方式"为"标题H3"。设置完成后，代码视图如图2-23所示。

图2-21 "插入"面板"水平线"选项

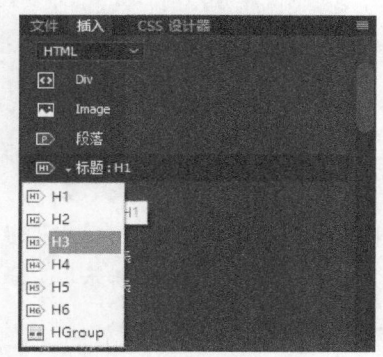

图2-22 "插入"面板"标题"列表

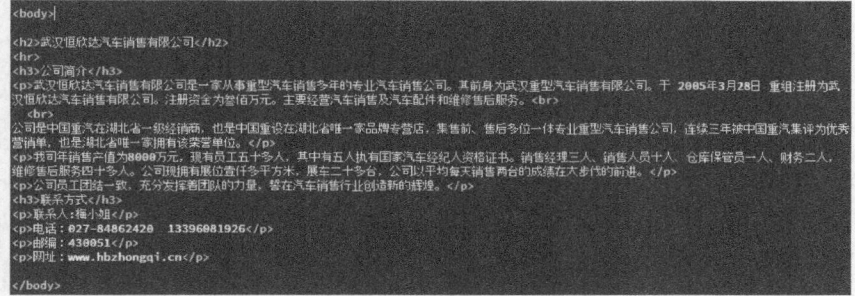

图2-23 标题文字设置标签代码视图

❻ 按照步骤2的方法，创建"p"标签样式，分别设置字体类型为"宋体"、大小为"12px"、行高为"24px"、颜色为"#333333"、首行文本缩进"24px"，如图2-24所示。

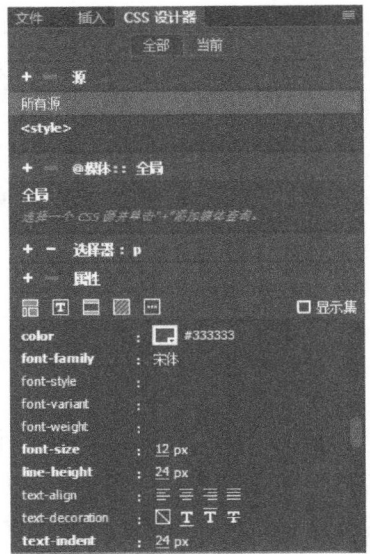

图 2-24　设置正文文字段落 "p" 标签样式

❼ 设置完成后，效果如图 2-14 所示。文档所创建的样式位于代码视图 <style></style> 之间，见表 2-1。

表 2-1　文档页面 CSS 代码

1	< !doctype html >
2	<html><head>
3	……
4	<style type="text/css">
5	body { margin: 20px 30px 5px 30px; background-color: #CCFFFF;}
6	h2{ text-align: center; }
7	p { font-family: " 宋体 "; font-size: 12px; line-height: 24px; color: #333333; text-indent: 24px;}
8	</style>
9	</head><body>
	……
10	</body></html>

知识拓展

一、网站制作工具

网站制作工具包括网页设计软件、图形图像设计软件、动画设计软件。

（1）Microsoft FrontPage　这是一款轻量级静态网页制作软件，适合新手开发静态网站，目前该应用很少用于制作网页。

（2）Dreamweaver　该软件已成为专业级网页制作软件，支持 HTML、CSS、PHP、JSP、ASP 等众多脚本语言的着色显示，同时提供了模板套用功能，支持一键生成网页框架功能，是初学者或专业级网站开发人员必备的工具。

（3）CSS Design 这是一款适合对 CSS 进行调试的专业级应用，能够对 CSS 语法进行着色，同时支持即时查看样式功能，方便程序的调试以及效果的比对。

（4）Flash 动画或动态图片是网页的重要组成部分，充分合理地使用 Flash 程序来设计网页元素，往往可以达到意想不到的效果。

（5）Photoshop Photoshop 用于对网页图片进行润色或特殊效果处理，是一款必备的网页制作软件。

二、HTML 基础

1. 关于 HTML

用于网页的标记语言有 HTML、XHTML 和 XML 等。使用这样的语言代码可以将网页的文字、图片或数据等信息进行分类、排版，最终呈现给使用者。

HTML（Hyper Text Markup Language，超文本标记语言）主要负责将网页内容进行格式化，使内容更具逻辑性。

HTML 与普通文本文件类似，但是多了标记，如 <html>、<b> 等，这些标记可以告诉浏览器如何显示这个文件。

HTML 不是 C++ 和 Java 之类的程序语言，它只是标记语言，基本上只要明白了各种标记的用法，便学懂了 HTML。HTML 的格式非常简单，只由文字及标记组合而成，在编辑方面，任何文字编辑器都可以，如记事本。当然，使用专业的网页编辑软件更好，如 Adobe Dreamweaver 等。

2. 认识 HTML5

HTML5 在 HTML4.01 的基础上进行了改进，符合现代网络发展要求，在 2008 年正式发布。HTML5 由不同的技术构成，其在互联网中得到了非常广泛的应用，提供了更多增强网络应用的标准机制。与传统的技术相比，HTML5 的语法特征更加明显。HTML5 将 Web 带入一个成熟的应用平台，在这个平台上，对视频、音频、图像、动画以及与设备的交互都进行了规范。以下是 HTML5 的新特性。

（1）智能表单 表单是实现用户与页面后台交互的主要组成部分，HTML5 在表单的设计方面功能更加强大。input 类型和属性的多样性大大增加了 HTML 可表达的表单形式，再加上新增加的一些表单标签，使得原本需要 JavaScript 来实现的控件，现在可以直接使用 HTML5 的表单来实现；一些如内容提示、焦点处理、数据验证等功能，也可以通过 HTML5 的智能表单属性标签来完成。

（2）绘图画布 HTML5 的 canvas 元素可以实现画布功能，该元素通过自带的 API 结合使用 JavaScript 脚本语句在网页上绘制图形，可绘制线条、弧线以及矩形，用样式和颜色填充区域，书写样式化文本，以及添加图像，且使用 JavaScript 可以控制每一个像素。HTML5 的 canvas 元素使得浏览器无须 Flash 或 Silverlight 等插件就能直接显示图形或动画图像。

（3）多媒体 HTML5 最大的特色之一就是支持音频、视频，它增加了 <audio>、<video> 两个标签来实现对多媒体中的音频、视频的支持，只要在网页中嵌入这两个标签，则无须第三方插件（如 Flash）就可以实现音频和视频的播放功能。HTML5 对音频、视频文件的支持使得浏览器摆脱了对插件的依赖，加快了页面的加载速度，扩展了互联网多媒体技术的发展空间。

（4）地理定位　现今移动网络备受青睐，用户对实时定位的要求也越来越高。HTML5 通过引入 Geolocation 的 API，可以通过 GPS 或网络信息实现用户的定位，定位更加准确、灵活。通过 HTML5 进行定位，除了可以确定自己的位置，还可以在他人对你开放信息的情况下获得他人的定位信息。

（5）数据存储　HTML5 允许在客户端实现较大规模的数据存储。为了满足不同的需求，HTML5 支持 DOM Storage 和 Web SQL Database 两种存储机制。其中，DOM Storage 适用于具有 key/value 对的基本本地存储；而 Web SQL Database 是适用于关系型数据库的存储方式，开发者可以使用 SQL 语句对这些数据进行查询、插入等操作。

（6）多线程　HTML 5 利用 Web Worker 将 Web 应用程序从原来的单线程业界中解放出来，通过创建一个 Web Worker 对象就可以实现多线程操作。JavaScript 创建的 Web 程序处理事务都是在单线程中执行的，响应时间较长，而当 JavaScript 过于复杂时，还有可能出现死锁的局面。HTML5 新增加了一个 Web Worker API，用户可以创建多个在后台的线程，将耗费较长时间的处理交给后台而不影响用户界面和响应速度，这些处理不会因与用户交互而运行中断。使用后台线程不能访问页面和窗口对象，但后台线程可以和页面之间进行数据交互。子线程与子线程之间进行数据交互的大致步骤如下：①先创建发送数据的子线程；②执行子线程任务，把要传递的数据发送给主线程；③在主线程接收到子线程传递回的消息时创建接收数据的子线程，然后把发送数据的子线程中返回的消息传递给接收数据的子线程；④执行接收数据子线程中的代码。

3. HTML 文档的基本结构

HTML 文档的扩展名为 html，由标记（标签）、代码和注释组成。标记是 HTML 中的元素，由相应的英文嵌在尖括号"< >"内构成，它的作用是为文档添加指定的各种内容。标记分为单标记和双标记，双标记如 <body></body>、单标记如 <img />，如图 2-25 所示。

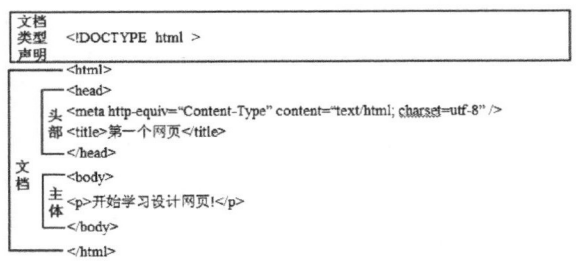

图 2-25　文档的基本结构

4. HTML 基本标签

HTML 基本标签一共有九个，见表 2-2。其中 <!DOCTYPE>、<html>、<body> 几个标签已经在前面用到，这里介绍其他常用的基本标签。

表 2-2　HTML 基本标签

标　　签	功 能 描 述
<!DOCTYPE>	定义文档类型
<html>	定义 HTML 文档
<title>	定义文档的标题
<body>	定义文档的主体
<h1> to <h6>	定义 HTML 标题
<p>	定义段落
 	定义简单的折行
<hr>	定义水平线
<!-- -->	定义注释

（1）HTML 标题使用的标签　HTML 标题是通过 <h1> ～ <h6> 标签进行定义的，<h1> 定义最大的标题，<h6> 定义最小的标题。由于 h 元素拥有确切的语义，在使用时需要选择恰当的标签层级来构建文档的结构。注意，不要利用标题标签来改变同一行中字的大小，应当使用新的层叠样式表定义，从而达到漂亮的显示效果。

（2）段落标签 <p>　HTML 段落是通过 <p> 标签进行定义的。p 元素会自动在其前后创建一些空白，浏览器会自动添加这些空间，也可以在独立的样式表中规定新的段落样式。

（3）文档标题标签 <title>　title 规定元素的额外信息（可在工具提示中显示）。浏览器以特殊的方式使用标题，并且通常把它放置在浏览器窗口的标题栏或状态栏上。同样，当把文档加入用户的链接列表或者收藏夹、书签列表时，标题将成为该文档链接的默认名称。

（4）换行标签
　使用
 标签可插入一个简单的换行符。
 标签是空标签（意味着它没有结束标签，因此以下是错误的：
</br>）。在 HTML 中把结束标签放在开始标签中，也就是
。
 标签只是简单地开始新的一行，当浏览器遇到 <p> 标签时通常会在相邻的段落之间增加垂直的间距。

（5）注释标签 <!-- -->　注释不会被浏览器显示出来。注释标签用于在源代码中插入注释，可使用注释对代码进行解释，这样做有助于在以后对代码进行编辑，当编写大量代码时尤其有用。

5. HTML 元素

HTML 元素指的是从开始标签到结束标签的所有代码。开始标签常称为开放标签，结束标签常称为闭合标签。

1）HTML 元素以开始标签起始。

2）HTML 元素以结束标签终止。

3）元素的内容是开始标签与结束标签之间的内容。

4）某些 HTML 元素具有空内容。

5）空元素在开始标签中关闭（以开始标签的结束而结束）。

6）大多数 HTML 元素可拥有属性。

6. HTML 属性

与元素相关的特性称为属性，用户可以为属性赋值（每个属性总是对应一个属性值，因此也被称为"属性 / 值"对）。"属性 / 值"对出现在元素开始标签的最后一个">"之前，通过空格分隔。在一个 HTML 文档中可以有任何数量的"属性 / 值"对，它们可以以任何顺序出现，但是不能在同一个开始标签中定义同名的属性（属性名是不区分大小写的）。

7. HTML 样式

style 属性用于改变 HTML 元素的样式。

HTML 的 style 属性提供了一种改变所有 HTML 元素样式的通用方法。样式是 HTML4 引入的，它是一种新的改变 HTML 元素样式的方式。通过 HTML 样式，能够使用 style 属性直接将样式添加到 HTML 元素中，或者间接地在独立的样式表中（CSS 文件）进行定义。

三、网页相关文件命名规范

良好的命名规范有利于团队合作开发，无论在项目开发还是产品维护上都有着至关重要的作用。应该说命名规范是一种约定，是程序员之间良好沟通的桥梁。

文件统一以英文字母开头，采用小写的英文字母、数字和下划线的组合来命名，命名原则包括：

1）见名知义。即见到名称就能够理解每一个文件的意义。

2）同类排列。在文件夹中使用"按名称排列"的命令时，同一大类的文件能够排列在一起，以便查找、修改、替换、计算负载量等操作。

1. 文件夹命名

文件夹命名一般采用英文小写字母，长度一般不超过 20 个字符。一些常见的文件夹名称有 images（存放图形文件）、flash（存放 Flash 文件）、style（存放 CSS 文件）、scripts（存放 JavaScript 脚本文件）、inc（存放 include 文件）、link（存放友情链接）、media（存放多媒体文件）等，见表 2-3。

表 2-3　文件夹常见命名方式

images	存放一些网站常用的图片
css	存放一些 CSS 文件
flash	存放一些 Flash 文件
psd	存放一些 PSD 源文件
temp	存放所有临时图片和其他文件
copyright	版权信息（可选）
readme	说明文件

41

2. 图片命名

图片的命名原则是名称分为头、尾两部分，用下画线隔开，头部表示此图片的大类性质，如广告、标志、菜单、按钮等。如放置在页面顶部的广告、装饰图案等长方形的图片取名为"banner"，标志性的图片取名为"logo"，在页面上位置不固定并且带有链接的小图片取名为"button"，在页面上某一个位置连续出现、性质相同的链接栏目的图片取名为"menu"，装饰用的照片取名为"pic"，不带链接、表示标题的图片取名为"title"等，见表2-4。

表2-4　图片常见命名方式

类　别	命 名 方 式	示　例
导航命名	menu_****.gif	menu_bg.gif
会员登录	login_****.gif	login_bg.gif
搜索命名	search_****.gif	search_bg.gif
小图标	ico_ 数字 .gif	ico_001.gif
线的命名	line_X_ 颜色 .gif	line_X_red.gif
广告命名	ad_ 数字 .gif	ad_001.gif
其他栏目的图片	以栏目名的第一个字母 _****.gif	news_bg.gif
产品与栏目热点图片	pic_ 数字 .gif	pic_001.gif

3. 类 class 的命名规范

常见类 class 的命名规范见表2-5。

表2-5　常见类 class 的命名规范

头：header	友情链接：friendlink
内容：content/container	页脚：footer
尾：footer	版权：copyright
导航：nav	滚动：scroll
侧栏：sidebar	标签页：tab
栏目：column	文章列表：list
页面外围控制整体布局宽度：wrapper	提示信息：msg
左、右、中：left、right、center	小技巧：tips
登录条：loginbar	栏目标题：title
标志：logo	加入：joinus
广告：banner	指南：guild
页面主体：main	服务：service
热点：hot	注册：regsiter
新闻：news	状态：status
下载：download	投票：vote
子导航：subnav	合作伙伴：partner
菜单：menu	搜索：search
子菜单：submenu	

4. 注释的写法

注释一般写成 /*…*/ 的格式，见表2-6。

表 2-6　注释的写法

/* Footer */
内容区
/* End Footer */

5. id 的命名规范

（1）页面结构　页面结构包括容器、导航、内容等部分，常见命名规范见表 2-7。

表 2-7　页面结构中 id 的命名规范

容器：container	导航：nav
页头：header	侧栏：sidebar
内容：content/container	栏目：column
页面主体：main	页面外围控制整体布局宽度：wrapper
页尾：footer	左、右、中：left、right、center

（2）导航　页面导航包括主导航、左导航、右导航、子导航等，常见命名规范见表 2-8。

表 2-8　页面导航的命名规范

导航：nav	右导航：rightsidebar
主导航：mainbav	菜单：menu
子导航：subnav	子菜单：submenu
顶导航：topnav	标题：title
边导航：sidebar	摘要：summary
左导航：leftsidebar	

（3）功能　网页中功能版块包括标志、广告、列表、登录等，常见命名规范见表 2-9。

表 2-9　网页功能版块的命名规范

标志：logo	标签页：tab
广告：banner	文章列表：list
登录：login	提示信息：msg
登录条：loginbar	当前的：current
注册：regsiter	小技巧：tips
搜索：search	图标：icon
功能区：shop	注释：note
标题：title	指南：guild
加入：joinus	服务：service
状态：status	热点：hot
按钮：btn	新闻：news
滚动：scroll	下载：download
友情链接：link	投票：vote
版权：copyright	合作伙伴：partner

6. 类 class 的书写规范

（1）颜色　使用颜色的名称或者 16 进制代码，见表 2-10。

表 2-10　表示颜色的类的书写规范

.red { color: red; }
.f60 { color: #f60; }
.ff8600 { color: #ff8600; }

（2）字体大小　直接使用"font+ 字体大小"作为名称，见表 2-11。

表 2-11　表示字体大小的书写规范

.font12px { font-size: 12px; }
.font9pt {font-size: 9pt; }

（3）对齐样式　使用对齐目标的英文名称，见表 2-12。

表 2-12　表示对齐的类的书写规范

.left { float:left; }
.bottom { float:bottom; }

（4）标题栏样式　使用"类别 + 功能"的方式命名，见表 2-13。

表 2-13　表示标题栏样式的类的书写规范

.barnews { }
.barproduct { }

7. CSS 文件命名

CSS 文件命名一般与内容相关，常见的命名方式，见表 2-14。

表 2-14　CSS 文件命名方式

主要的：master.css	专栏：columns.css
模块：module.css	文字：font.css
基本共用：base.css	表单：forms.css
布局、版面：layout.css	补丁：mend.css
主题：themes.css	打印：print.css

能力拓展

扫码观看美化公司
简介页面微课

一、美化公司简介页面

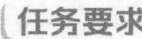 任务要求

　　熟悉 CSS 设计器面板的使用方法，根据页面效果创建样式，美化公司简介页面。

最终效果

公司简介页面美化效果如图 2-26 所示。

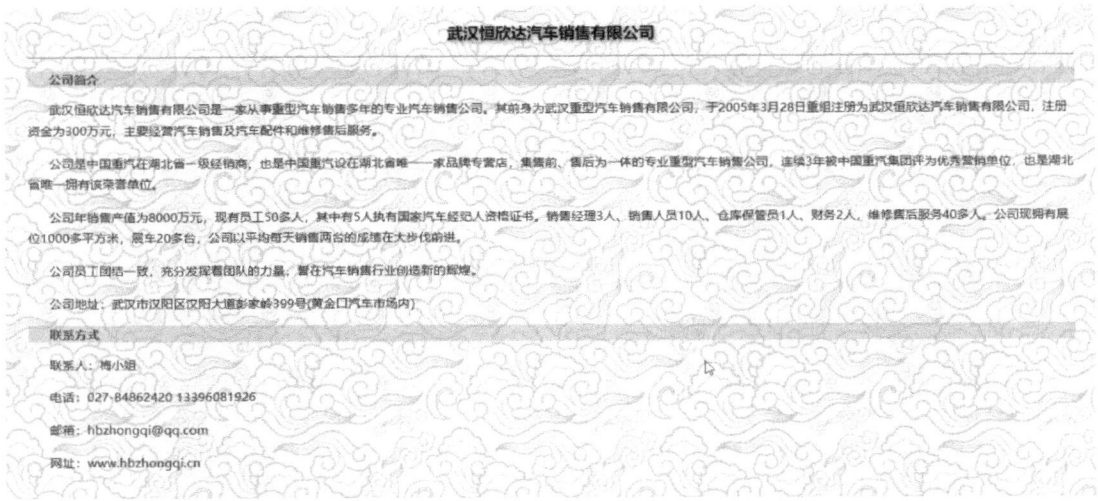

图 2-26 公司简介页面美化效果

操作提示

❶ 打开公司简介页面 test.html，选择菜单"文件"→"另存为"命令，将文档另存为 test2.html。切换至"CSS 设计器"面板，在"选择器"选项中选择"body"标签，在背景属性栏中，设置页面背景图像，如图 2-27 所示。

❷ 按照上一步做法，选择"h2"标签，切换至"文本"属性，为"武汉恒欣达汽车销售有限公司"标题添加文字阴影"text-shadow"，设置水平偏移量 h-shadow 及垂直偏移量 v-shadow 分别为 2px，模糊度为 5px，阴影颜色为 #4580C8，并更改文字字体为"微软雅黑"，如图 2-28 所示。

图 2-27 设置页面背景图像

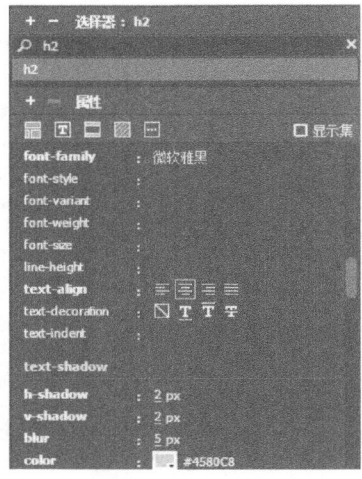

图 2-28 设置标题文字阴影效果

❸ 选择"h3"标签，在背景属性栏中设置背景色，在弹出的颜色对话框中选择 rgba 颜色模式：rgba（160，180，211，0.50），其中前三个参数为颜色 RGB 值，0.50 为透明值，如图 2-29 所示。同时，更改文字字体为"微软雅黑"，颜色为 #004466，首行缩进 24px，如图 2-30 所示。

图 2-29 设置 h3 背景效果

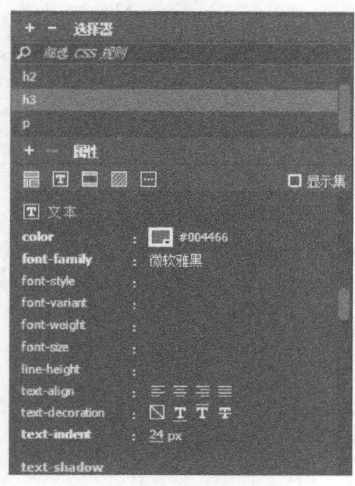

图 2-30 设置 h3 文字效果

❹ 根据页面效果，按照以上方法修改"p"标签样式，最终页面 CSS 代码见表 2-15。

表 2-15 test2 页面 CSS 代码

1	body {	12	h3 {
2	margin: 20px 30px 5px 30px;	13	color: #004466;
3	background-color: #CCFFFF;	14	font-family: " 微软雅黑 "; background-color: rgba(160，180，211，0.50);
4	background-image: url(images/diwen.jpg);	15	text-indent: 24px;
5	background-repeat: repeat;	16	}
6	}	17	p {
7	h2 {	18	font-family: " 微软雅黑 ";
8	text-align: center;	19	font-size: 14px;
9	text-shadow: 2px 2px 5px #4580C8;	20	line-height: 24px;
10	font-family: " 微软雅黑 ";	21	color: #060677;
11	}	22	text-indent: 24px; }

扫码观看书写 HTML 代码
制作公司简介网页微课

二、书写 HTML 代码制作公司简介网页

任务要求

利用记事本书写 HTML 代码，制作公司简介网页。

最终效果

公司简介网页的最终效果如图 2-31 所示。

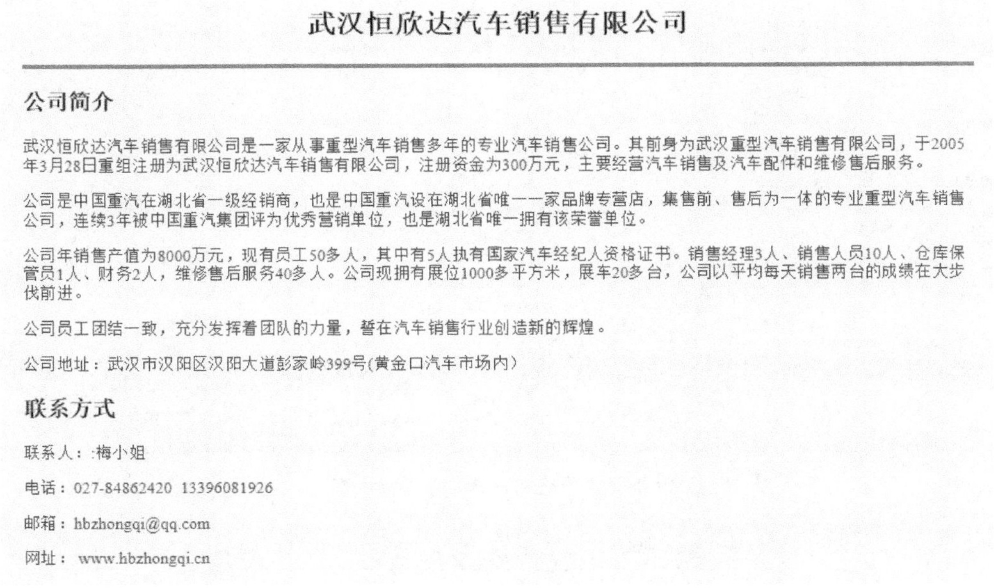

武汉恒欣达汽车销售有限公司

公司简介

武汉恒欣达汽车销售有限公司是一家从事重型汽车销售多年的专业汽车销售公司。其前身为武汉重型汽车销售有限公司，于2005年3月28日重组注册为武汉恒欣达汽车销售有限公司，注册资金为300万元，主要经营汽车销售及汽车配件和维修售后服务。

公司是中国重汽在湖北省一级经销商，也是中国重汽设在湖北省唯一一家品牌专营店，集售前、售后为一体的专业重型汽车销售公司，连续3年被中国重汽集团评为优秀营销单位，也是湖北省唯一拥有该荣誉单位。

公司年销售产值为8000万元，现有员工50多人，其中有5人执有国家汽车经纪人资格证书。销售经理3人、销售人员10人、仓库保管员1人、财务2人，维修售后服务40多人。公司现拥有展位1000多平方米，展车20多台，公司以平均每天销售两台的成绩在大步伐前进。

公司员工团结一致，充分发挥着团队的力量，誓在汽车销售行业创造新的辉煌。

公司地址：武汉市汉阳区汉阳大道彭家岭399号(黄金口汽车市场内)

联系方式

联系人：梅小姐

电话：027-84862420　13396081926

邮箱：hbzhongqi@qq.com

网址：www.hbzhongqi.cn

图 2-31　公司简介网页的最终效果图

操作提示

❶ 新建文本文件"company.txt"，将网页文档的声明语句"<!DOCTYPE>"复制至文本文件，并输入 HTML 的基本结构标签，如图 2-32 所示。

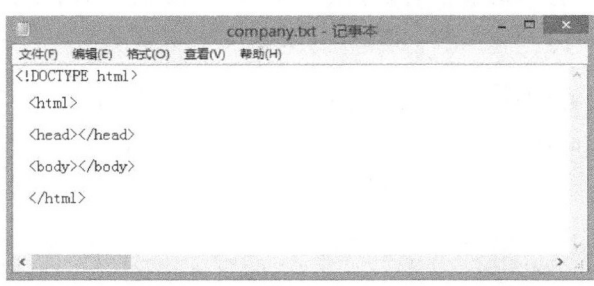

图 2-32　页面基本结构代码

❷ 在"<head>""</head>"标签之间添加"<title>""</title>"标签，设置标题为"武汉恒欣达汽车销售有限公司"，选择菜单"文件"→"另存为"命令，将".txt"格式文件另存为".html"格式文件，如图 2-33 所示。

❸ 使用记事本打开"company.html"文件，在"<body>""</body>"标签之间输入公司名称、"公司简介"及"联系方式"，分别为其添加"<h2>"标签及"<h3>"标签，并在"<h2>"标签中添加对齐属性"align"，属性值为"center"，如图 2-34 所示。

图 2-33　另存为 "company.html"

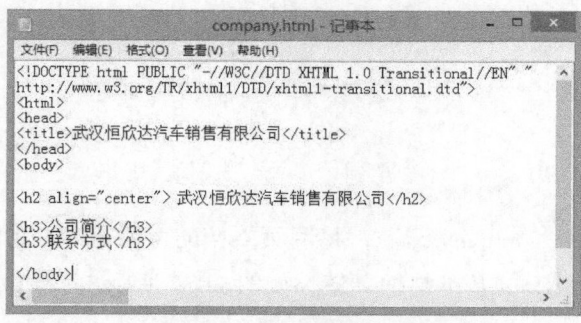

图 2-34　标题代码

❹ 添加水平线。在 "<h2>" 标签下面添加水平线标签 "<hr />"，并添加水平线的颜色属性 "color"，属性值为 "green"，以及水平线粗细属性 "size"，属性值为 "1"，如图 2-35 所示。

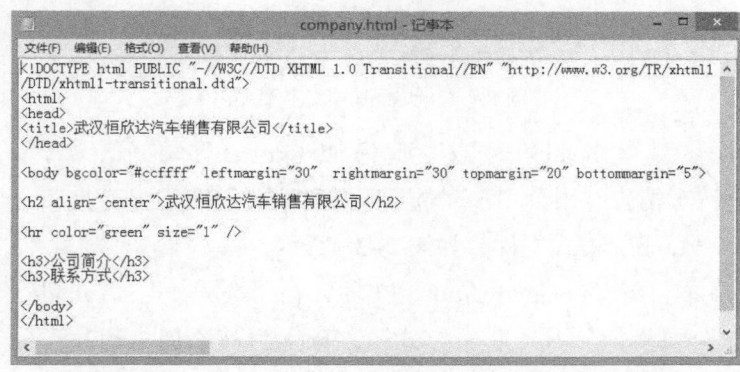

图 2-35　添加水平线、设置页面背景颜色及边距代码

❺ 设置页面背景颜色及边距。在"<body>"标签中添加背景颜色属性"bgcolor"及"leftmargin""rightmargin""topmargin""bottommargin"左、右、上、下边距属性，属性之间用空格隔开，如图 2-35 所示。

❻ 输入公司简介文字，为每个段落文字添加"<p>""</p>"标签，并添加风格属性"style"，其属性值为"font-size:14px"和"color:#333"，属性值之间用";"隔开，如图 2-36 所示。

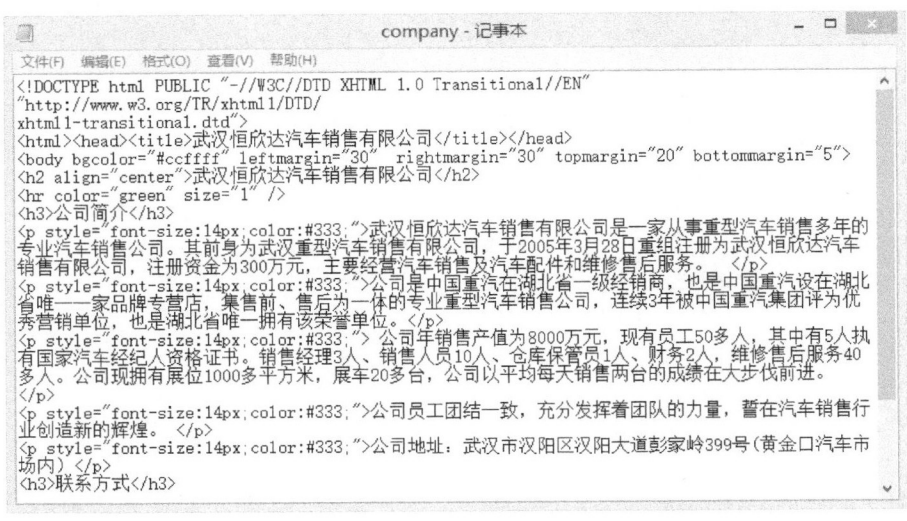

图 2-36　p 标签及属性代码

❼ 在每个段落文字前面输入四个空格符代码" "，实现首行缩进两字符的效果。

❽ 输入联系方式文字，格式设置方法与公司简介文字相同，效果如图 2-31 所示。

Project 3

项目三

网站制作前期准备

　　网站制作前期准备包括网站版式切片，网站素材的收集、整理及素材的二次处理等。另外，网站制作人员还应具备对网页基本元素的操作能力，包括网页文本格式化、图文混排、多媒体元素的制作、网页表格和表单的使用、各种类型超级链接的实现等。

任务目标

◎ 利用 Photoshop 软件的切片工具对版式图像进行切割

◎ 掌握网页图像格式及图文混排的方法

◎ 掌握网页多媒体元素的制作方法

◎ 掌握网页超级链接的制作方法

◎ 了解网页表格布局技术及方法

◎ 了解网页表单及制作表单的方法

任务 1 网站首页版式切片

扫码观看网站
首页版式切片微课

任务要求

利用 Photoshop 软件的切片工具对首页版式进行合理的切片，把首页版式图像分割成更小的图像，为页面制作做准备。

最终效果

首页版式切片效果如图 3-1 所示。

图 3-1 首页版式切片效果图

操作提示

❶ 页面切片的方法是根据页面布局的需要，对插入的图像和文字区域图像进行选择性的切割。因此在制作切片之前，需要从首页布局的角度出发，对整个设计稿的图像进行分析，找出所需的切片区域，见表 3-1。

表 3-1 首页版式切片说明

区块名称	图像块名称	是否切片	切片规格与说明
Logo 区域	Logo	否	任务图像, 未做修改
	Logo 区背景	否	纯色块, 在 Dreamweaver 中实现
	相关链接背景	是	右侧渐变背景, 切片大小为 600px×100px, 切片名称为 "Logo_bg.png"
	右侧相关链接图标	否	素材图像, 未做修改
	相关链接文字	否	在 Dreamweaver 中直接输入
Nav 区域	导航条背景	是	可横向重复, 切成宽 10px、高 38px, 或与下面一致, 大小为 120px×38px, 切片名称为 "nav_bg.png"
	导航 link 背景	是	含分隔线导航背景, 切片大小为 120px×38px, 切片名称为 "nav_bg_link.png"
	导航 hover 背景	是	光标经过导航效果, 含白色透明层, 切片大小为 120px×38px, 切片名称为 "nav_bg_hover.png"
	导航文字	否	在 Dreamweaver 中直接输入
Banner 区域	Banner 图像	否	原稿图像, 未做调整
Link 区域	友情链接标题背景	是	与红色空心圆圈一起做切片, 切片大小为 980px×27px, 切片名称为 "link_thead.gif"
	友情链接标题文字	否	在 Dreamweaver 中直接输入
	友情链接内容栏背景	否	纯色块, 左右 1px 边线, 在 Dreamweaver 中实现
	友情链接栏底部	是	带圆角背景, 切片大小为 980px×8px, 切片名称为 "link_tfoot.gif"
Foot 区域	页脚信息背景	是	浮雕效果背景, 切片大小为 1000px×92px, 切片名称为 "Bottom.gif"
	页脚相关导航背景	否	纯色块, 顶部 3px 边线, 在 Dreamweaver 中实现
	相关导航文字	否	在 Dreamweaver 中直接输入

❷ 打开首页版式图像 "index.psd", 为即将生成的切片区域添加必要的参考线, 如 Nav 区域、Link 区域、Foot 区域等, 以提高切片准确度, 如图 3-2 所示。

图 3-2 首页版式参考线效果图

❸ 在工具栏中选择"切片工具" ，绘制所需的切片区域。完成后，当前切片为选中状态，单击"属性"面板的"切片选项"按钮 ；或右击"切片"，在弹出的快捷菜单中选择"编辑切片选项"命令，如图 3-3 所示。

❹ 弹出如图 3-4 所示的"切片选项"对话框，修改切片名称并确定切片的位置及大小。

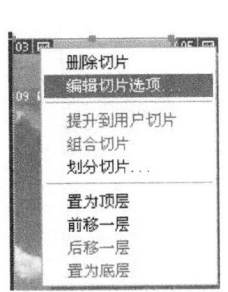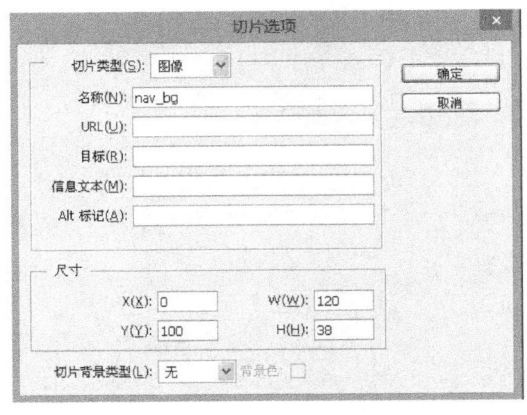

图 3-3 右击"切片"弹出的快捷菜单　　　图 3-4 "切片选项"对话框

❺ 按照类似的方法完成首页切片，然后隐藏所有文字图层，选择菜单"文件"→"存储为 Web 所用格式"命令，弹出如图 3-5 所示对话框，设置存储的切片格式为"PNG-8"。

图 3-5 "存储为 Web 所用格式（100%）"对话框

❻ 完成后存储的切片图像如图 3-6 所示。

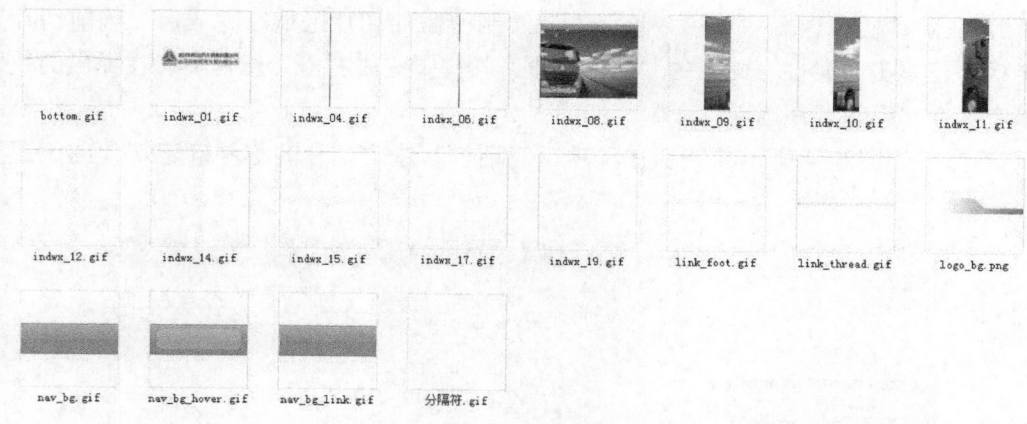

图 3-6　切片图像

任务2　网站子页版式切片

扫码观看网站
子页版式切片微课

任务要求

利用 Photoshop 软件的切片工具对子页版式进行合理的切片，生成制作网页所需的小图像。

最终效果

子页版式切片的最终效果如图 3-7 所示。

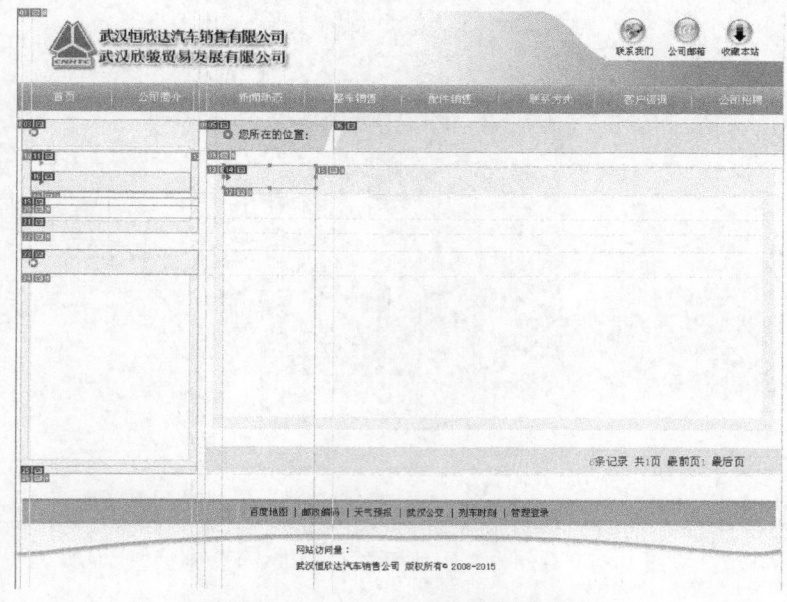

图 3-7　子页版式切片的最终效果图

操作提示

❶ 从子页布局的角度出发，对整个子页设计稿图像进行分析，找出所需的切片区域，见表 3-2。

表 3-2 子页版式切片说明

区块名称	图像块名称	是否切片	切片规格与说明
Left Top 区域	栏目标题背景	是	带红色空心圆圈的圆角背景，切片大小为 230px×40px，切片名称为 "list_title.png"
	栏目标题文字	否	在 Dreamweaver 中直接输入
	导航列表背景	是	带边线图像，切片大小为 230px×10px，切片名称为 "list_nav_bg.png"
	栏目底部	是	圆角图像，切片大小为 230px×20px，切片名称为 "list_bottom.png"
	导航 link 背景	是	带灰色三角形及虚线图像，切片大小为 208px×27px，切片名称为 "list_nav_link.png"
	导航 hover 背景	是	带绿色三角形及投影效果图像，切片大小为 208px×27px，切片名称为 "list_nav_hover.png"
	导航文字	否	在 Dreamweaver 中直接输入
Left Down 区域	栏目标题背景	是	带红色空心圆圈的圆角背景，切片大小为 230px×32px，切片名称为 "list_title2.png"
	栏目标题文字	否	在 Dreamweaver 中直接输入
	导航列表背景	否	纯色块、方形，在 Dreamweaver 中实现
	栏目底部	是	圆角图形，切片大小为 230px×10px，切片名称为 "list_bottom2.png"
Right 区域	位置导航图像	是	不规则形状，切片大小为 165px×40px，切片名称为 "right_nav_left.Png"
	位置导航文字背景	是	不规则形状，切片大小为 585px×40px，切片名称为 "right_nav_bg.Png"
	动态列表框	否	线色块、方形，在 Dreamweaver 中实现
	动态标题栏背景	是	带三角形图像，切片大小为 120px×30px，切片名称为 "right_list_title.png"
	列表文字	否	在 Dreamweaver 中直接输入

❷ 根据表 3-2 对子页版式图像进行切割，方法与任务 1 相同，最终存储的切片格式同样为 "PNG-8"。

任务 3　整理网站素材

任务要求

将任务 1 和任务 2 生成的图像归类存放，并通过互联网收集相关素材，为网站制作做准备。

操作提示

❶ 整理任务 1 与任务 2 生成的切片图像，将布局所需的切片图像（图 3-8）存储至站点根目录下的"images"文件夹。

❷ 了解网页设计师联盟、蓝色理想、设计前沿等网站，并收集所需素材。

❸ 将收集的素材归类存放，并按规范的命名规则对下载的素材重命名。

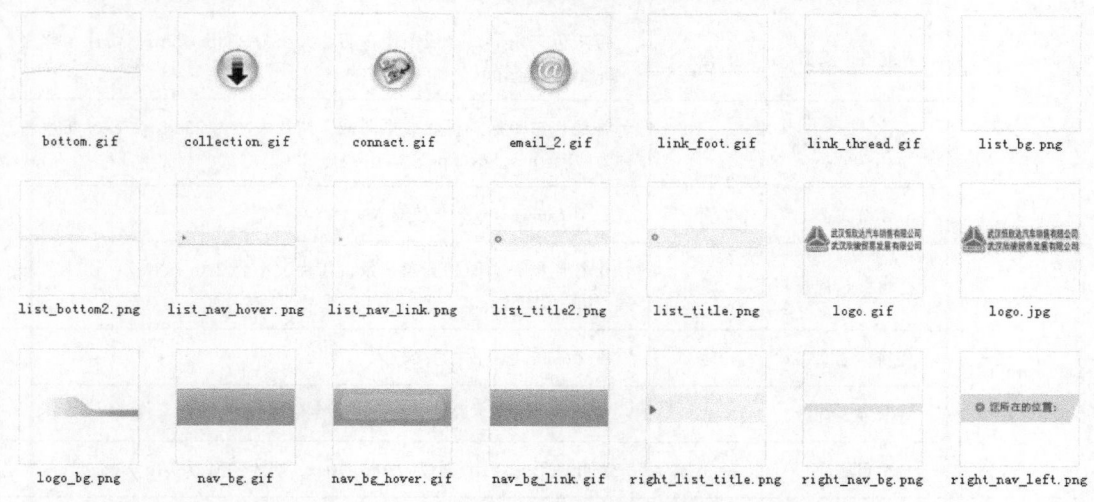

图 3-8　网站布局所需切片图像

任务 4　制作公司简介页面

扫码观看制作公司简介页面微课

任务要求

利用表格布局技术制作公司简介多媒体页面，并实现网页图文混排的效果。

最终效果

公司简介页面的最终效果如图 3-9 所示。

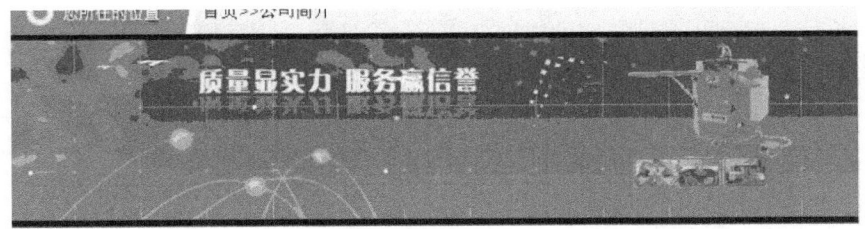

武汉恒欣达汽车销售有限公司是一家从事重型汽车销售多年的专业汽车销售公司。其前身为武汉重型汽车销售有限公司。于 2005 年3月28日 重组注册为武汉恒欣达汽车销售有限公司。注册资金为叁佰万元。主要经营汽车销售及汽车配件和维修售后服务。

公司是中国重汽在湖北省一级经销商，也是中国重设在湖北省唯一家品牌专营店，集售前、售后多位一体专业重型汽车销售公司，连续三年被中国重汽集评为优秀营销单，也是湖北省唯一家拥有该荣誉单位。

我司年销售产值为8000万元，现有员工五十多人，其中有五人执有国家汽车

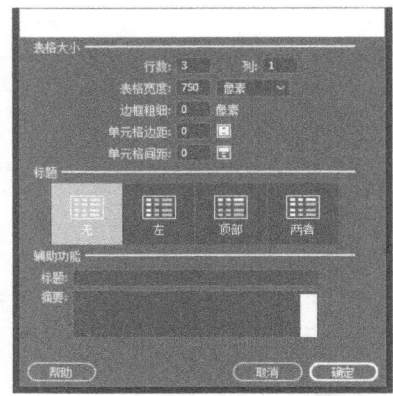

经纪人资格证书。销售经理三人、销售人员十人、仓库保管员一人、财务二人，维修售后服务四十多人。公司现拥有展位壹仟多平方米，展车二十多台，公司以平均每天销售两台的成绩在大步伐的前进。

公司员工团结一致，充分发挥着团队的力量，誓在汽车销售行业创造新的辉煌。

图 3-9　公司简介页面最终效果图

操作提示

❶ 新建 HTML 网页文档，设置网页标题文档为"公司简介"，并将其命名为"abouts. html"，保存于站点的"about"文件夹。

❷ 在页面"<body>"部分，插入 3 行 1 列表格，居中对齐，并将表格的边框粗细、单元格边距、单元格间距均设置为"0"，如图 3-10 所示。

❸ 定位光标于表格的第一行，在右侧的"插入"面板中单击"Image"选项，如图 3-11 所示，插入素材图像 warey.jpg，相关代码见表 3-3。

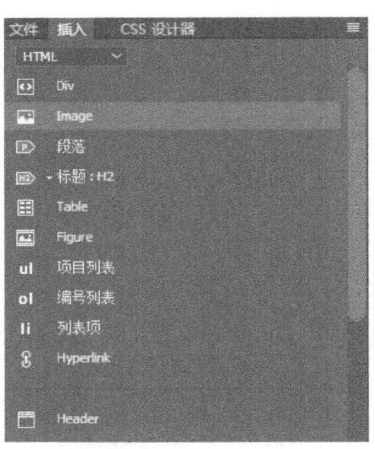

图 3-10　表格设置对话框　　　　　　图 3-11　"插入"面板"Image"选项

表 3-3　表格相关代码

1	`<table width="750" border="0" align="center" cellpadding="0" cellspacing="0">`
2	`<tr>`
3	`<td><img src="../images/warey.jpg" width="750" height="40" alt=""/></td>`
4	`</tr>`
5	`<tr>`
6	`<td> </td>`
7	`</tr>`
8	`<tr>`
	`<td> </td>`
	`</tr>`
9	`</table>`

❹ 将光标定位于表格的第二行，在右侧的"插入"面板中单击"Flash SWF"选项，插入 Flash 文件 about.swf，并根据需要修改其宽度和高度分别为"750"和"175"，如图 3-12 所示。

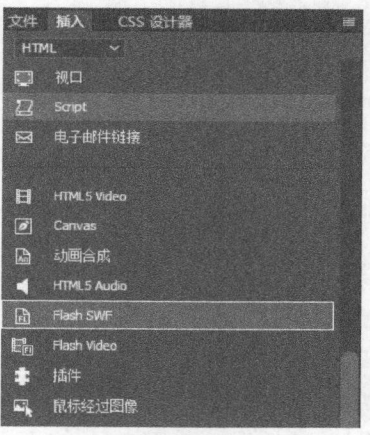

图 3-12　插入 Flash 设置

❺ 将带段落格式文本粘贴至表格第三行，创建"p"标签样式，设置完成后，生成的 CSS 代码存放于"`<head>`"与"`</head>`"之间，见表 3-4。

表 3-4　段落的 CSS 代码

1	`<head>`
2	`<meta http-equiv="Content-Type" content="text/html;charset=utf-8"/>`
3	`<title> 公司简介 </title>`
4	`<style type="text/css">`
5	`p{`
6	`font-size:12px;`
7	`text-indent:24px;`
8	`line-height:28px;`
9	`padding:20px;`
10	`}`
11	`</style></head>`

❻ 将光标置于文本中，选择菜单"插入"→"image"命令，打开"选择图像源文件"对话框，如图 3-13 所示，选择"aboutus.jpg"图像。

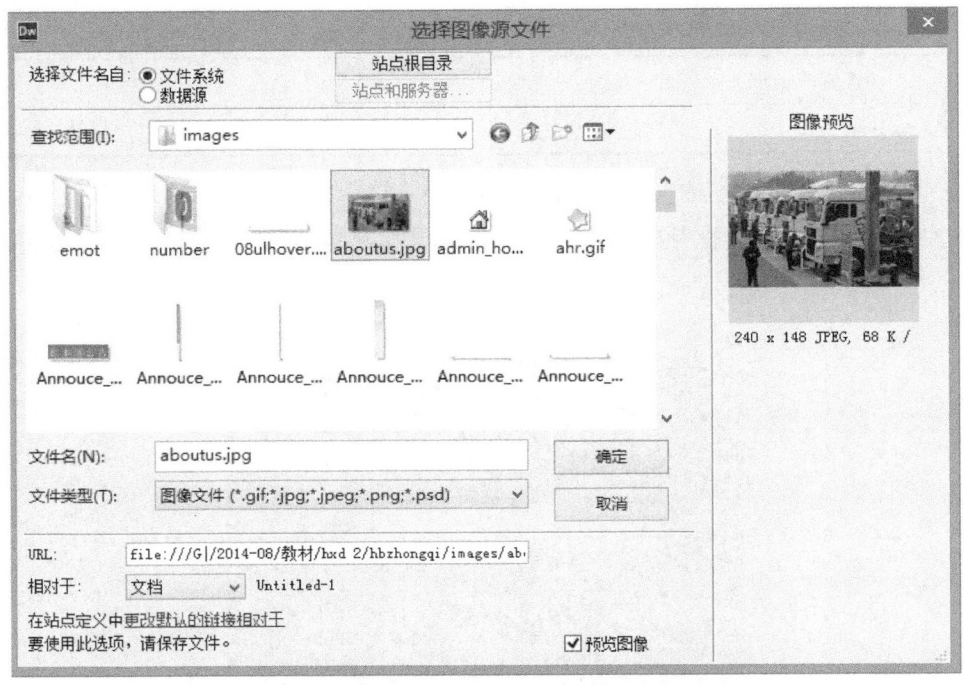

图 3-13 "选择图像源文件"对话框

❼ 选择要插入的图像，展开"CSS 设计器"面板，添加"img"标签样式，在属性"布局"选项中设置图像与四周文本的间距 padding 为"3px"，图像 float 为右浮动，切换至"边框"选项，设置边框为实线，宽度为"1px"，颜色为 #ccc，如图 3-14 所示。

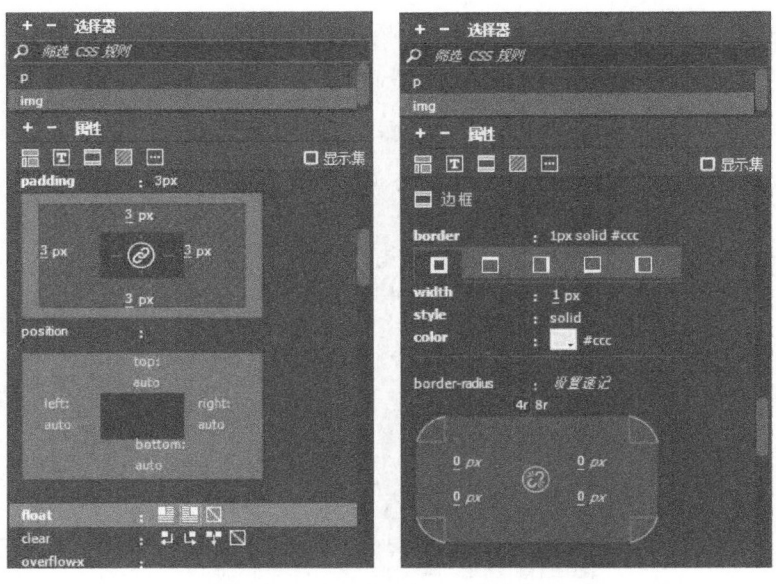

图 3-14 "Img"的 CSS 规则设置

❽ 设置完成后，生成的 CSS 代码见表 3-5，最终效果如图 3-9 所示。

表 3-5　图像的 CSS 代码

1	<style type="text/css">
2	img{padding:3px;float:right;border:1px solid #ccc;}
3	</style>

❾ 将光标定位于文本的左边，单击右侧"插入"面板的"Flash Video"选项。在弹出的对话框中设置 Flash 视频的路径，系统自动显示视频的实际宽度和高度，如图 3-15 所示。

图 3-15　"插入 FLV"对话框

❿ 选择视频对象，在"CSS 设计器"面板的"选择器"选项中，单击"+"添加样式，系统自动创建"#FLVPlayer"的 id 样式，设置其 float 属性为左浮动，如图 3-16 所示。

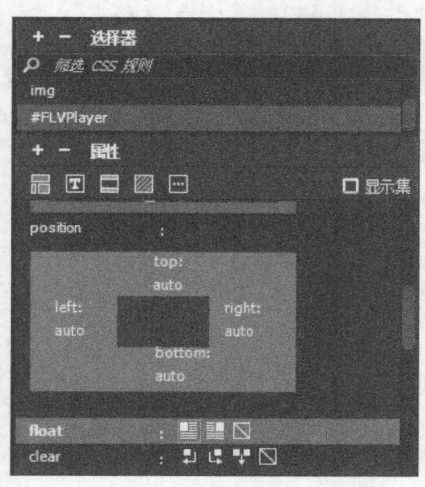

图 3-16　"#FLVPlayer"CSS 规则设置

⓫ 设置完成，保存页面或按 <F12> 键预览时，系统将为支持 FLV 视频的播放自动生成 Flash 文件和脚本文件，出现如图 3-17 所示对话框。

⓬ 单击"确定"按钮后，系统所生成的文件存放于站点根目录的"scripts"文件夹下，如图 3-18 所示。

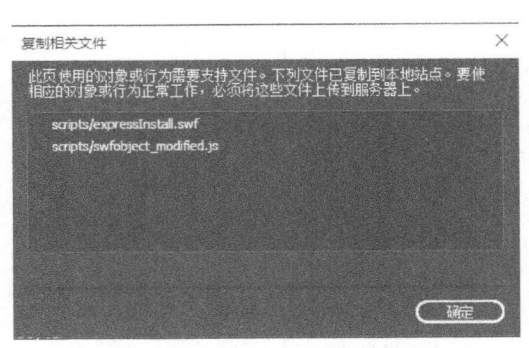

图 3-17　系统生成文件的提示对话框

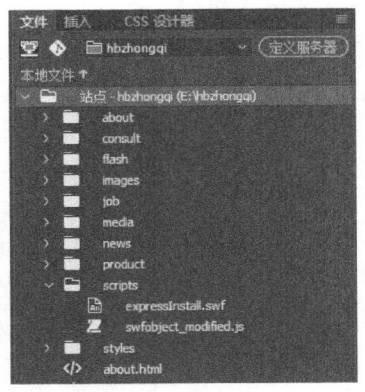

图 3-18　FLV 视频播放文件存放位置

任务 5　制作客户咨询页面

任务要求

利用表单技术制作客户咨询页面，实现对客户信息的收集。

扫码观看制作
客户咨询页面微课

最终效果

客户咨询页面的最终效果如图 3-19 所示。

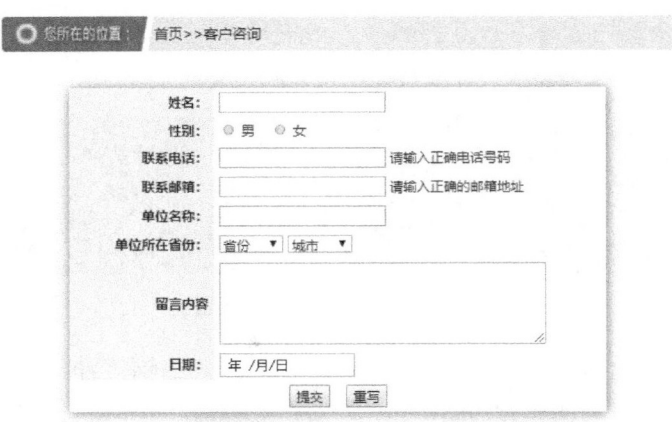

图 3-19　客户咨询页面的最终效果图

操作提示

❶ 此页面的布局与公司简介页面类似，且有相同的位置导航。因此，在编辑窗口打开公司简介页面，选择菜单"文件"→"另存为"命令，将其命名为"consult.html"。

❷ 删除表格第二行及"公司简介"的文本及图片，在"表单"工具栏中单击"表单"按钮□ 表单，插入"表单"元素，如图3-20所示。

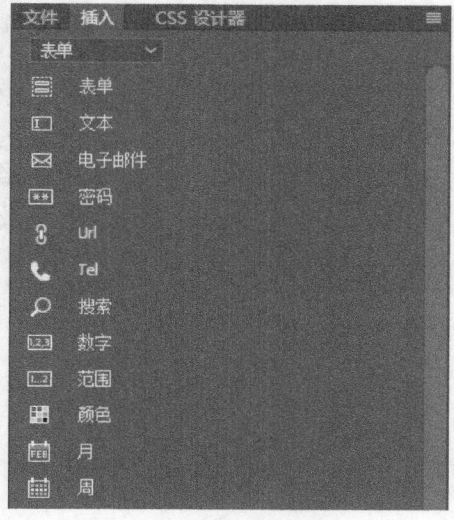

图3-20 插入"表单"

此时，编辑窗口出现红色虚线框，如图3-21所示。

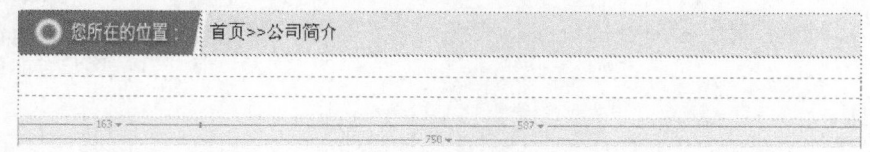

图3-21 插入"表单"后的效果

❸ 在红色虚线框内插入9行2列表格，居中对齐，其属性设置如图3-22所示，并为表格添加id属性名称"mess"。

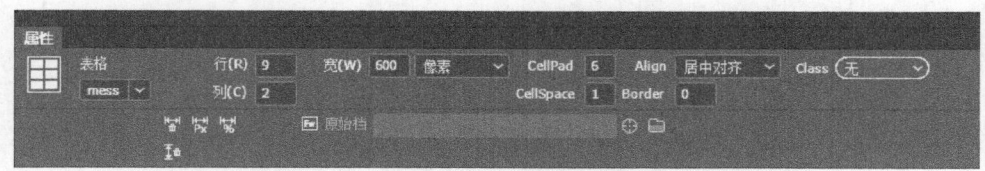

图3-22 表格"属性"面板设置

❹ 合并最后一行的两个单元格，调整表格格式，并输入左边提示文本，效果如图3-19所示。另外，创建表格id样式"#mess"，为表格添加方框阴影（box-shadow属性），阴影颜色值为rgba（48,134,224,1.00），其他属性设置如图3-23所示。

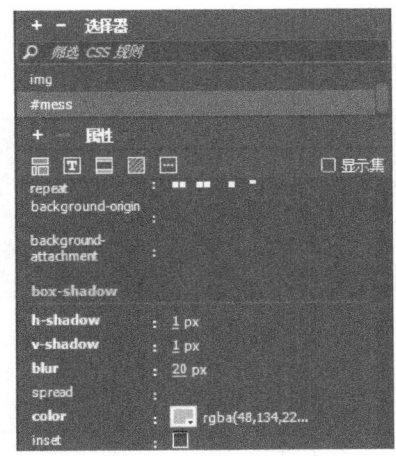

图 3-23　box-shadow 属性设置

❺ 根据如图 3-19 所示的效果，添加"表单"控件。单击"插入"面板的"表单"选项，分别在"姓名""联系电话""联系邮箱""单位名称"右侧单元格内插入"文本""数字""电子邮件"等表单元素，并根据需要调出"属性"面板，修改对应控件的属性，如图 3-24 所示。

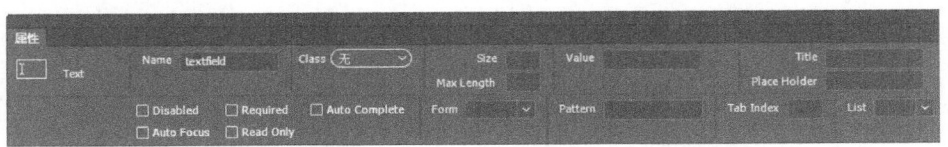

图 3-24　文本"属性"面板

❻ 在"性别"右侧单元格插入"单选按钮组"控件，并在对应的代码中调整"单选按钮组"格式及其相关属性值，修改后对应的代码见表 3-6。

表 3-6　"单选按钮组"代码

1	<td>
2	<label><input type="radio" name="male" value=" 男 " id="male"/> 男 </label>
3	
4	<label><input type="radio" name="male" value=" 女 " id="female"/> 女 </label>
5	</td>

❼ 分别插入省份和城市"选择"控件，选择省份列表，在对应的"属性"面板中单击"列表值"按钮，在弹出的"列表值"对话框中添加各省份名称，如图 3-25 所示。

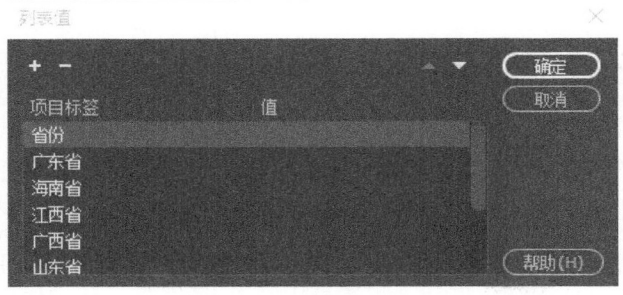

图 3-25　"列表值"对话框

❽ 按照设置省份列表的方法添加城市列表值，并分别在对应的"属性"面板中设置省份列表及城市列表的初始化值为"省份"和"城市"，如图 3-26 所示。

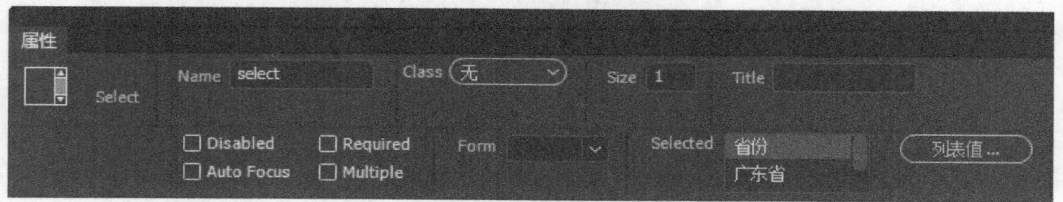

图 3-26 列表值的"属性"面板

❾ 设置表格最后一行的对齐方式为"居中对齐"，单击"表单"工具栏中的"按钮"按钮 □ 按钮，分别添加"提交"按钮和"重写"按钮。

❿ 表单制作完成后的效果如 3-19 所示，保存页面，并测试表单的"提交"及"重写"功能。

⑪ 请同学们自行设计"公司招聘"页面，效果如图 3-27 所示。

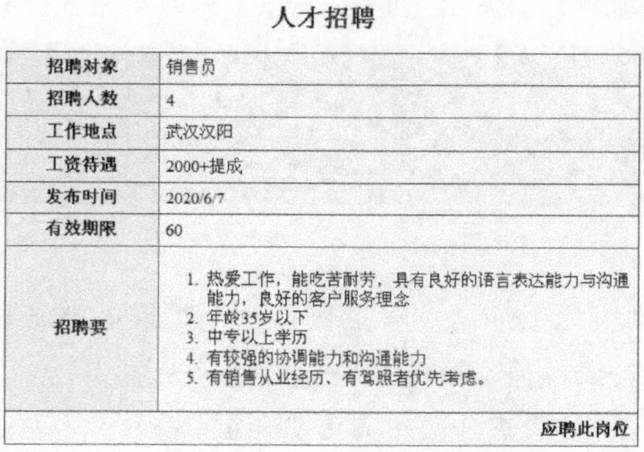

人才招聘

招聘对象	销售员
招聘人数	4
工作地点	武汉汉阳
工资待遇	2000+提成
发布时间	2020/6/7
有效期限	60
招聘要	1. 热爱工作，能吃苦耐劳，具有良好的语言表达能力与沟通能力，良好的客户服务理念 2. 年龄35岁以下 3. 中专以上学历 4. 有较强的协调能力和沟通能力 5. 有销售从业经历、有驾照者优先考虑。

应聘此岗位

图 3-27 "公司招聘"页面效果

知识拓展

一、网页图像

1. 图像格式

（1）GIF　该图像格式占用的空间较小，最多支持 256 种颜色。GIF 图像可以在网页中以透明方式显示，还包含动态信息。常用于站点图标 Logo、广告条 Banner。

（2）JPEG（JPG）　JPEG 图像格式可以高效地压缩图像文件，使得图像文件在变小的同时基本不丢失颜色，通常用来显示照片等颜色丰富的图像。

（3）PNG　意为便携网络图像，是逐渐流行的网络图像格式。PNG 格式可以说是 GIF 格式和 JPEG 格式的综合。

（4）SVG　SVG 是一种基于 XML 语法的图像格式，全称是可缩放矢量图（Scalable Vector Graphics）。SVG 图形是可交互的和动态的，可以在 SVG 文件中嵌入动画元素或通过脚本来定义动画。

2. 插入图像

选择菜单"插入"→"图像"命令，打开"选择图像源"对话框，选择插入图像。或在"文件"面板中，直接将图像拖动到插入点。插入图像的 HTML 代码如下：

```
<img src="images/556-191.jpg" width="464" height="191" />
```

3. 背景图像

背景图像一般由 CSS 样式产生，比如页面背景图，由 body 标签的 background 相关属性进行设定，见表 3-7。

表 3-7　表单标签的属性解释

属　　性	描　　述
background	简写属性，作用是将背景属性设置在一个声明中
background-attachment	设置背景图像是否固定或者随着页面的其余部分滚动
background-color	设置元素的背景颜色
background-image	把图像设置为背景
background-position	设置背景图像的起始位置
background-repeat	设置背景图像是否重复及如何重复

二、网页声音

1. 声音格式

（1）midi　用于器乐。许多浏览器都支持 midi 文件，并且不需要插件。

（2）wav　这类格式文件具有较好的声音品质，许多浏览器都支持此类格式文件并且不要求插件。可以从 CD、磁带、麦克风等录制自己的 wav 文件。

（3）aif　与 wav 格式类似。

（4）mp3　是一种压缩格式，它可使声音文件明显缩小。若要播放 mp3 文件，访问者必须下载并安装辅助应用程序或插件。

2. 音乐 <audio> 标签

网页音乐由 <audio> 标签实现，在"</body>"标签之前插入 <audio> 标签，代码如下：

```
<audio src="bg.mp3" autoplay="autoplay"></audio>
```

相关属性见表 3-8。

表 3-8　<audio> 属性

属　　性	值	描　　述
autoplay	autoplay	如果出现该属性，则音频在就绪后马上播放
controls	controls	如果出现该属性，则向用户显示控件，如播放按钮
loop	loop	如果出现该属性，则音频结束时重新开始播放
muted	muted	规定视频输出应该被静音
preload	preload	如果出现该属性，则音频在页面加载时进行加载，并预备播放；如果使用 "autoplay"，则忽略该属性
src	url	要播放的音频的 URL

三、网页视频

网页视频格式包括 Ogg、MPEG4、WebM。但这三种格式对于浏览器的兼容性却各不同，一般建议采用 MPEG4 格式，其具有较好的兼容性。

网页视频由 <video> 标签实现，设置方法与 <audio> 标签类似，相关属性见表 3-9。

表 3-9　<video> 属性

属　　性	值	描　　述
autoplay	autoplay	如果出现该属性，则视频在就绪后马上播放
controls	controls	如果出现该属性，则向用户显示控件，如播放按钮
height	pixels	设置视频播放器的高度
loop	loop	如果出现该属性，则当媒介文件播放完后再次开始播放
muted	muted	规定视频的音频输出应该被静音
poster	URL	规定视频下载时显示的图像，或者在用户单击播放按钮前显示的图像
preload	preload	如果出现该属性，则视频在页面加载时进行加载，并预备播放；如果使用 "autoplay"，则忽略该属性
src	url	要播放的视频的 URL
width	pixels	设置视频播放器的宽度

四、网页超级链接

1. 超级链接概述

超级链接简称链接，就是由源端点指向目标端点的一种跳转。目标端点可以是页面、图像、声音等任意的网络资源。链接分为内部链接和外部链接，内部链接是指同一网站文件之间的链接，外部链接是指不同网站文件之间的链接。

网页中的超级链接按照链接路径的不同，可以分为绝对路径、相对路径和基于根目录的路径。

（1）绝对路径　完整地描述文件存储位置的路径就是绝对路径，如"D:\tu\Rose.jpg"，在 Internet 中，绝对路径是指包括服务器协议和域名的完整 URL 路径，如"http://www.sina.com"和"ftp://www.sohu.com"等。内部链接可以使用绝对路径，但一旦将站点移动到其他服务器，则所有内部绝对路径链接都将断开。绝对路径同链接的源端点无关。只要网站的地址不变，无论文件在站点中如何移动，都可以实现正常跳转。另外，如果希望链接其他站点上的内容，就必须使用绝对路径。

绝对路径也会出现在尚未保存的网页上，如果在没有保存的网页上插入图像或添加链接，Dreamweaver 则会暂时使用绝对路径。网页保存后，Dreamweaver 会自动将绝对路径转换为相对路径。

从一个网站的网页链接到另一个网站的网页时必须使用绝对路径，以保证当网站的网址发生变化时，被引用的页面链接还是有效的。

（2）相对路径　相对路径是指某个文件（文件夹）相对于另外一个文件（文件夹）的位置。对于大多数内部链接来说，相对路径是最适用的链接方式。

1）若要链接同一个文件夹下的文件，则直接输入其名称，如 index.htm。

2）若要链接到当前文档所在文件夹的子文件夹中的文件，则输入"文件夹名称+ '/' + 文件名称"，如 htm/index.htm。

3）若要链接到当前文档所在文件夹的父文件夹中的文件，则在所链接文件名前加"../"（此处的".."表示在文件夹层次结构中上移一级）。

如果链接的源端点不变，即站点的结构和文档的位置不变，那么可以将整个网站移植到另一个地址的网站中，而不需要修改文档中的链接路径，链接也不会出错。如果修改了站点的结构或是移动了文档，即改变了链接的源端点，则文档中的链接关系就会失效，因为相对路径是由文档间的相对位置而决定的。在 Dreamweaver 的站点面板中移动文档时，Dreamweaver 会自动对文档中链接的相对路径进行更新，从而确保链接正确。

（3）基于根目录的路径　站点根目录路径是指从站点的根文件夹到文档的路径。它同源端点的位置无关。基于根目录的路径以一个正斜线"/"开始，该斜线表示站点根文件夹。

如果经常在不同文件夹之间移动 HTML 文件，通常使用站点根目录路径指定链接。在移动含有根目录相对链接的文档时，不需要更改这些链接；在移动该 HTML 文件后，其相关文件链接依然有效。但是，如果移动或重命名根目录相对链接所链接的文档，即使文档彼此之间的相对路径没有改变，也必须更新这些链接。

2. 链接目标

链接目标是指链接打开的方式，可以选择保留目标名称或自定义名称。保留目标名包括以下几种：

_blank：在另一个新的窗口中显示链接内容，保留现有窗口的文档内容。

_parent：将链接的文件加载到含有该链接的框架的父框架集或父窗口中。如果包含链接的框架不是嵌套的，则链接文件会加载到整个浏览器窗口中。

_self：将链接的文件加载到该链接所在的同一框架或窗口中。此目标是默认的，所以通常不需要指定它。

_top：将链接的文件加载到整个浏览器窗口中，覆盖当前窗口中所有内容。

3. 邮件链接

邮件链接可以启动电子邮件程序（如 Office 办公软件中的 Outlook）书写邮件，并将其发送到指定的地址。

在"属性"面板的链接栏中可直接输入"mailto: 邮件地址 ?subject= 主题"来创建邮件链接。

4. 锚点链接

锚点也是一种超级链接，只不过它是网页内部的超级链接，而不是网站内部的。比如有一个网页很长，而且里面的内容可以分为很多个部分，就可以在网页的顶部设置一些锚点，方便浏览者单击锚点到达本页内相应的位置，而不必在一个很长的网页里自行寻找，如经常在网页中看到的"返回顶部"。

基本操作步骤：

1）在需要到达的地方创建命名锚记，就是在网页中设置位置标记，并给该位置一个名称，以便引用，如 <a name="a1"> 内容 </a>。

2）添加链接时，在"属性"面板的链接栏中直接输入"# 锚点名称"，如"#a1"。

5. 图像热区链接

图像热区是指在一幅图片上创建多个区域（热点），并可以单击触发。用户单击某个热点时，会发生某种链接或行为。

操作步骤如下：

1）选中图像。

2）在图像的"属性"面板中，使用"热区工具"（矩形、椭圆、多边形）在图像上划分热区。

3）为绘制的每一个热区设置不同的链接地址和替代文字。

五、网页表格

网页中的表格不仅能表达条理清晰的信息，还有助于布局。使用表格时，文字、图像、声音、视频，甚至另一个表格，都可以被组织到表格的不同行、列中，以制作整齐、清晰的页面。

HTML 具有强大的建立和显示表格的功能。HTML 中的表格由行和列组成，每一行的一个列就是一个单元格。"<table>""</table>"表示表格，"<tr>""</tr>"表示行，"<td>""</td>"表示单元格。常见表格标签属性见表 3-10。

表 3-10　表格标签的属性解释

属　　性	值	描　　述
align	left center right	规定表格相对周围元素的对齐方式 不建议使用，使用样式代替
bgcolor	rgb(x,x,x) #xxxxxx colorname	规定表格的背景颜色 不建议使用，使用样式代替
border	pixels	规定表格边框的宽度
cellpadding	pixels %	规定单元边沿与其内容之间的空白
cellspacing	pixels %	规定单元格之间的空白
summary	text	规定表格的摘要
width	pixels %	规定表格的宽度

六、表单控件的使用

表单在网页中主要负责数据采集。一个表单有以下三个组成部分：

（1）表单标签　表单标签包括处理表单数据所用 CGI（Common Gateway Interface，公共网关接口）程序的 URL 以及将数据提交到服务器的方法，用于声明表单，定义采集数据的范围，也就是"<form>"和"</form>"里面包含的数据将被提交到服务器或者电子邮件里。

代码格式：

```
<form action="url" method="get/post" enctype="" target="">...</form>
```

表单标签的属性解释见表 3-11。

表 3-11　表单标签的属性解释

属　　性	说　　明
action=url	指定用来处理提交表单的格式，它可以是一个 URL（提交给程序）或一个电子邮件地址
method=get 或 post	指明提交表单的 HTTP 方法，可能的值如下： post：在表单里包含"名称/值"，并且无须包含于 action 特性的 URL 中 get：把"名称/值"加在 action 的 URL 后面，并且把新的 URL 送至服务器
enctype=""	指明用来把表单提交给服务器（当 method 值为"post"）时的互联网媒体形式，这个特性的默认值是"application/x-www-form-urlencoded"
target=""	指定提交的结果文档显示的位置

（2）表单域　表单域包括文本框、多行文本框、密码框、隐藏域、复选框、单选按钮、文件上传框和下拉选择框等，用于采集用户的输入或选择的数据，下面分别讲述这些表单域的代码格式。

1）文本框 text：一种让访问者自己输入内容的表单对象，通常被用来填写单个字或者简短的回答，如姓名、地址等。

代码格式：

<input type="text" name="..." size="..." maxlength="..." value="...">

属性解释：

type="text" 定义单行文本输入框。

name 属性定义文本框的名称，要保证数据的准确采集，必须定义一个独一无二的名称。

size 属性定义文本框的宽度，单位是单个字符宽度。

maxlength 属性定义最多输入的字符数。

value 属性定义文本框的初始值。

2）多行文本框 textarea：一种让访问者自己输入内容的表单对象，只不过能让访问者填写较长的内容。

代码格式：

< textarea name="..." cols="..." rows="..." wrap="virtual"></textarea >

属性解释：

cols 属性定义多行文本框的宽度，单位是单个字符的宽度。

rows 属性定义多行文本框的高度，单位是单个字符的高度。

wrap 属性定义输入内容大于文本域时显示的方式。

3）密码框 password：一种特殊的文本域，用于输入密码。当访问者输入文字时，文字会被星号或其他符号代替，而输入的文字会被隐藏。

代码格式：

<input type="password" name="..." size="..." maxlength="...">

4）隐藏域 hidden：用来收集或发送信息的不可见元素，对于网页的访问者来说，隐藏域是看不见的。当表单被提交时，隐藏域就会将信息用访问者进行设置时定义的名称和值发送到服务器上。

代码格式：

<input type="hidden" name="..." value="...">

5）复选框 checkbox：复选框允许访问者在待选项中选中多个选项。每个复选框都是一个独立的元素，都必须有唯一的名称。

代码格式：

<input type="checkbox" name="..." value="...">

6）单选按钮 radio：当需要访问者在待选项中选择唯一的答案时，就需要用到单选框。

代码格式：

```
<input type="radio " name="..." value="...">
```

7）文件上传框 file：文件上传框看上去和其他文本域差不多，只是它还包含一个"浏览"按钮。访问者可以通过输入需要上传的文件的路径或者单击"浏览"按钮选择需要上传的文件。

> **注 意** 　　在使用文件上传框以前，需要确定访问者的服务器是否允许匿名上传文件。表单标签中必须设置 enctype="multipart/form-data" 来确保文件被正确编码；另外，表单的传送方式必须设置成 post。

代码格式：

```
<input type="file" name="..." size="..." maxlength="...">
```

8）下拉选择框 select：下拉选择框允许访问者在一个有限的空间设置多种选项。

代码格式：

```
<select name="..." size="..." multiple>
  <option value="..." selected>...</option>
  ...
</select>
```

属性解释：

multiple 属性表示可以多选，如果不设置该属性，那么只能单选。

selected 属性表示默认已经选择该选项。

（3）表单按钮　表单按钮包括提交按钮、重置按钮和一般按钮，用于将数据传送到服务器上的 CGI 脚本或者取消输入，还可以用表单按钮来控制其他定义了处理脚本的处理工作。

1）提交按钮 submit：用来将输入的信息提交到服务器。

代码格式：

```
<input type="submit" name="..." value="...">
```

属性解释：

type="submit" 定义提交按钮。

name 属性定义提交按钮的名称。

value 属性定义按钮的显示文字。

2）重置按钮 reset：用来重置表单。

代码格式：

```
<input type="reset" name="..." value="...">
```

3）一般按钮 button：用来控制其他定义了处理脚本的处理工作。

代码格式：

```
<input type="button" name="..." value="..." onClick="...">
```

属性事件：

onClick 属性，也可以是其他的事件，通过描述脚本来定义接下来要执行的行为。

七、网页层叠样式表 CSS

层叠样式表 CSS 是一种用来表现 HTML、XML 等文件样式的计算机语言。

1. 层叠样式表 CSS 概述

CSS 目前最新的版本为 CSS3，是能够真正做到网页表现与内容分离的一种样式设计语言。相对于传统 HTML 的表现而言，CSS 能够对网页中对象的排版进行像素级精确控制，支持几乎所有的字体字号样式，拥有对网页对象和模型样式编辑的能力，并能够进行初步交互设计，是目前基于文本展示最优秀的设计语言。CSS 能够根据不同使用者的理解能力，简化或者优化写法，具有较强的易读性。

2. CSS 的 id 和 class 选择器

如果要在 HTML 元素中设置 CSS 样式，需要在元素中设置 id 或 class 选择器。

（1）id 选择器 id 选择器可以为标有特定 id 的 HTML 元素指定特定的样式。HTML 元素以 id 属性来设置 id 选择器，CSS 中 id 选择器以 "#" 来定义。

表 3-12 中的样式规则应用于元素属性 id="para1"。

表 3-12 id 选择器举例

1	#para1 {
2	text-align:center;
3	color:red;
4	}

id 属性不要以数字开头，数字开头的 id 在 Mozilla/Firefox 浏览器中不起作用。

（2）class 选择器 class 选择器用于描述一组元素的样式，class 选择器有别于 id 选择器，class 可以在多个元素中使用。class 选择器在 HTML 中以 class 属性表示，在 CSS 中，class 选择器以一个点 "."号显示。表 3-13 的例子中，所有拥有 center 类的 HTML 元素均为居中。

表 3-13 class 选择器举例一

1	.center { text-align:center;}

也可以指定特定的 HTML 元素使用 class 选择器，如表 3-14，所有的 "p" 元素使用 "class="center""，让该元素的文本居中。

表 3-14 class 选择器举例二

1	p.center { text-align:center;}

3. 基础语法

（1）CSS 规则 CSS 规则由两个主要的部分构成：选择器和一条或多条声明。一般格式见表 3-15。

表 3-15 CSS 基本语法规则

1	选择器 { 声明 1; 声明 2;…声明 N; }

选择器通常是需要改变样式的 HTML 元素，或者自定义的 id 或 class。

每条声明由一个属性和一个值组成。属性是希望设置的样式属性，每个属性有一个值，属性和值用冒号分开。

表 3-16 中代码的作用是将"h1"元素内文字的颜色定义为红色，同时将字体大小设置为"14px"。

表 3-16 CSS 基本语法举例

1	h1 {color:red; font-size:14px;}

在这个例子中，"h1"是选择器，"color"和"font-size"是属性，"red"和"14px"是值。

（2）颜色值的不同写法 除英文单词 red 可以表示红色外，还可以使用十六进制的颜色值，如"#ff0000"。有时为了节约字节，我们可以使用 CSS 的缩写形式，如"#f00"。另外，还可以使用 RGB 表示"红绿蓝"，RGB 值最小为"0"，最大为"255"；也可以使用百分数，最小为"0%"，最大为"100%"。代码见表 3-17。

表 3-17 颜色值代码举例

1	p{color:red;}
2	p{color:#ff0000;}
3	p{color:#f00;}
4	p{color:rgb(255,0,0);}
5	p{color:rgb(100%,0%,0%);}

（3）值为若干词须加引号 如果值为若干词，则要给值加引号；值为中文时也建议加上引号，见表 3-18。

表 3-18 值为若干词加写引号举例

1	p{font-family:"sans serif ";}

（4）多重声明 如果要定义不止一个声明，则需要用分号将每个声明分开。表 3-19 中的例子表示定义一个红色文字的居中段落。

表 3-19 多重声明举例

1	p{text-align:center;color:red;}

最后一条声明是不需要加分号的，因为分号在英语中是一个分隔符号，不是结束符号。但一般情况下建议在每条声明的末尾都加上分号，这样当从现有的规则中增减声明时，会尽可能地减少出错的可能性。为了增强样式定义的可读性，开发人员应该在每行只描述一个属性，见表3-20。

表3-20　多重声明建议格式

1	p{
2	text-align:center;
3	color:red;
4	}

4. 高级语法

（1）选择器的分组　建立CSS规则时可以对选择器进行分组，这样被分组的选择器就可以分享相同的声明，用逗号将需要分组的选择器分开。表3-21中的例子对所有的标题元素进行了分组，因而所有的标题元素都是绿色的。

表3-21　分组选择器举例

1	h1,h2,h3,h4,h5,h6{color:green;}

（2）CSS派生选择器　通过依据元素在其位置的上下文关系来定义样式，可以使标记更加简洁。通过这种方式来应用规则的选择器被称为派生选择器。

派生选择器可以根据文档的上下文关系来确定某个标签的样式。合理地使用派生选择器，可以使HTML代码变得更加整洁。

表3-22中的CSS派生选择器使得列表中的"strong"元素变为斜体字，而不是通常的粗体字。这里的派生选择器只表示"li"中的"strong"元素为斜体，并不影响其他标记中"strong"元素的加粗效果。

表3-22　CSS派生选择器基本格式举例

1	li strong {
2	font-style: italic;
3	font-weight: normal;
4	}

在上面的例子中，无须为"strong"元素定义特别的id或class，代码更加简洁。

5. 样式表使用方法

网页上使用样式表有以下三种方法。

（1）外部样式　外部样式即将网页链接到外部样式表。当要在站点的所有或部分网页上应用相同样式时，可使用外部样式表。在一个或多个外部样式表中定义样式，并将它们链接到所有网页，便能确保所有网页外观的一致性。如果希望更改样式，只需在外部样式表中修改一次，而此次更改会同步到所有与该样式表相链接的网页上。通常外部样式表以 ".css" 作为文件扩展名，如 "styles.css"。外部样式应用格式见表 3-23。

表 3-23　外部样式应用格式

1	<link href="style/hxd.css" rel="stylesheet" type="text/css"/>

（2）内嵌样式　内嵌样式即在网页上创建嵌入的样式表。如果只是要定义当前网页的样式，可使用嵌入的样式表。嵌入的样式表是一种级联样式表，"嵌"在网页的 "<head>" 标记符内。嵌入的样式表中的样式只能在同一网页上使用。内嵌样式应用格式见表 3-24。

表 3-24　内嵌样式应用格式

1	<style type="text/css">
2	<!--
3	body{background:grey;}
4	-->
5	</style>

把声明的样式包含在一个网页注释 "<!--" "-->" 中，这样可以解决版本较低的浏览器不识别 style 的问题。

（3）行内样式　行内样式即应用内嵌样式到各个网页元素。如果只是给某个 HTML 标记定义样式，就可以使用行内样式。表 3-25 中的样式将应用到当前行段落，使该段落产生红色的边框。

表 3-25　行内样式应用格式

1	<p style="border:#f00 solid 1px;">

能力拓展

一、使用超级链接技术制作服务网点查询页面

任务要求

使用超级链接技术完成服务网点查询页面的制作，掌握各种类型超级链接的制作方法。

扫码观看使用超级链接技术制作服务网点查询页面微课

最终效果

服务网点查询页面的最终效果如图 3-28 所示。

图 3-28   服务网点查询页面的最终效果图

操作提示

❶ 新建 HTML 网页文档，设置网页文档标题为"服务网点分布"，并将其命名为"service.html"。

❷ 设置页面背景颜色。创建"body"标签样式，设置背景颜色为"#ccc"，上边界为 20px，见表 3-26。

表 3-26 "body"样式代码

1	<style type="text/css">
2	body{
3	background-color:#ccc;
4	margin-top:20px;
5	font-size:12px;
6	}
7	</style>

❸ 制作网站地图及相关导航链接。插入 3 行 1 列表格，设置表格宽度为"780 像素"、填充为"4"、间距为"0"、边框为"0"，居中对齐，如图 3-29 所示。

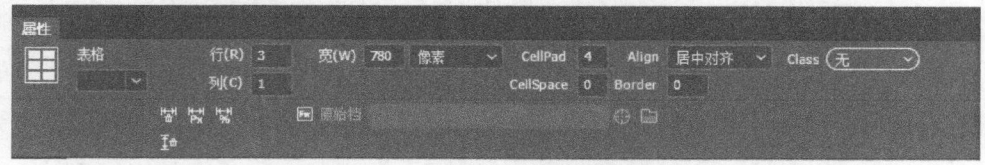

图 3-29 "表格属性"面板

❹ 将表格第 1 行拆分成两列，输入相关导航文本。

❺ 为导航文字设置样式。在"CSS 样式"面板中，新建名称为".nav"类样式，设置该样式的文字大小为"12px"，背景颜色为"#D7F2FF"，文字段落缩进"18px"，相关 CSS 代码存放于"<head>"部分的"<style>""</style>"标签之间，见表 3-27。

表 3-27　".nav"样式代码

1	<style type="text/css">
2	.nav{
3	font-size:12px;
4	background-color:#D7F2FF;
5	text-indent:18px;
6	}
7	</style>

❻ 为导航文字制作对应的链接页面。选择"公司简介"页面的文字，在对应的"属性"面板中设置其链接地址为"about.html"、目标为"_blank"、标题为"公司简介"，如图 3-30 所示。

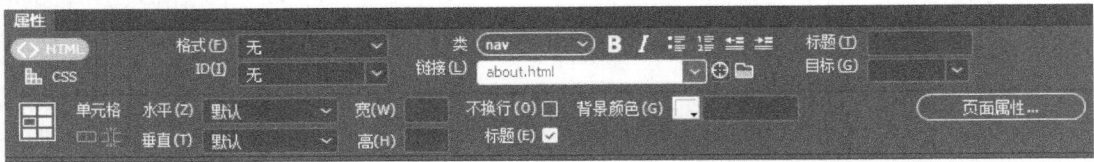

图 3-30　"属性"面板中应用类样式方法

❼ 用同样的方法分别为"客户咨询""公司招聘"添加链接地址。另外，由于"首页"暂时无链接页面，可设置其链接地址为"#"，表示链接到当前页面。制作完成后导航部分代码见表 3-28。

表 3-28　导航部分代码

1	<td height="30" class="nav">
2	<a href="#"> 首页 </a> |
3	<a href="about.html" title=" 公司简介 " target="_blank"> 公司简介 </a> |
4	<a href="../Library/consult.html" title=" 客户咨询 " target="_blank"> 客户咨询 </a> |
5	<a href="../job/job.html" title=" 公司招聘 " target="_blank"> 公司招聘 </a></td>
6	</td>

❽ 制作页面右边导航需要使用脚本技术辅助完成。分别选择"打印本页"和"收藏本页"，在对应的"属性"面板链接地址中输入"javascript: window.external. AddFavorite(document.location.href, document.title);"和"javascript:window.print();"，相

关代码见表 3-29。

表 3-29　功能脚本代码

1	<td align="right" class="nav">
2	<a href="javascript:window.external.AddFavorite(document.location.href,document.title);"> 收藏本页 </a>
3	| <a href="javascript:window.print();"> 打印本页 </a>
4	</td>

❾ 在表格的第二行，输入标题"服务网点分布"，并设置标题格式为"<h2>"，见表 3-30。

表 3-30　标题代码

1	<tr>
2	<td height="50" colspan="2" valign="bottom">
3	<h2> 服务网点分布 </h2>
4	</td>
5	</tr>

❿ 在表格第三行插入地图图像"map.jpg"，设置其居中对齐，并将表格背景颜色设置为白色。

⓫ 通过图像地图实现锚点链接。在编辑窗口选择地图图像，在其"属性"面板的左下角"地图"处选择"多边形热点工具" ，沿着地图宜昌市的边缘进行多次单击，直到完全选择整个宜昌市，如图 3-31 所示。

图 3-31　"宜昌市"区域为选中状态

⓬ 当区域被选中时，可通过其"属性"面板设置相应的链接地址，如图 3-32 所示，将地址链接设置为空链接。

图 3-32 热点区域的"属性"面板

⑬ 将工具切换为"指针热点工具" ，再按照相同的方法制作其他服务点的链接，若城市所在地图区域较小，可选择"矩形热点工具"或"椭圆形热点工具"。

⑭ 制作完成后，保存页面或按 <F12> 键进行预览。

二、利用百度地图生成器制作联系我们页面

任务要求

利用百度地图生成器制作联系我们页面，实现百度地图的效果。

最终效果

联系我们页面的最终效果如图 3-33 所示。

- 单位：中国重汽武汉恒欣达汽车销售有限公司
- 地址：武汉市汉阳区汉阳大道彭家岭399号(黄金口汽车市场内)
- 联系人:梅小姐
- 电话: 027-84862420 13396081926
- 邮编: 430051
- 网址: www.hbzhongqi.cn

图 3-33 联系我们页面的最终效果图

操作提示

❶ 新建页面，并命名为"contactus.html"，保存于 about 文件夹。

❷ 在任意浏览器中输入网址：http://api.map.baidu.com/lbsapi/creatmap/index.html。打开"百度地图生成器"页面，如图 3-34 所示。

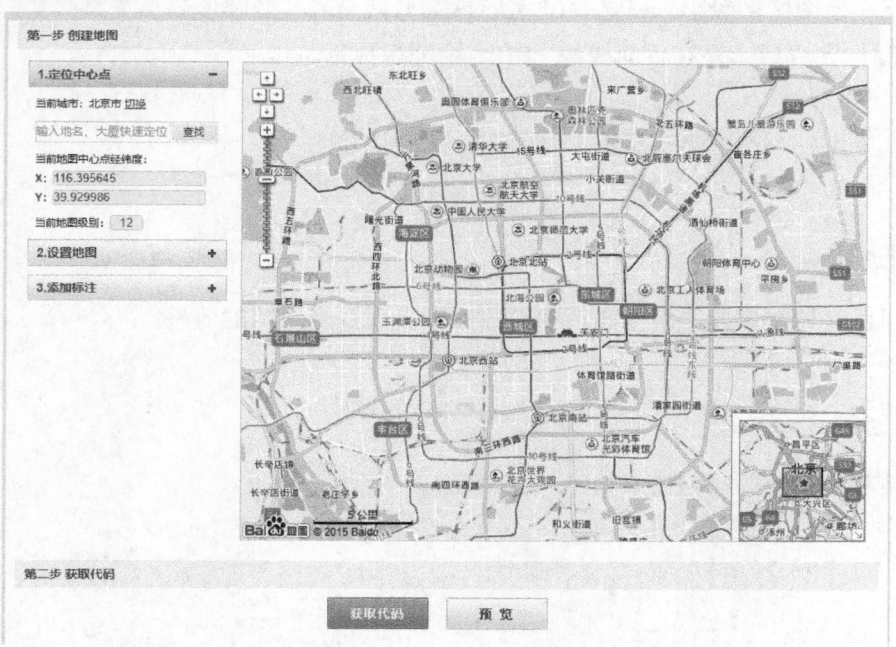

图 3-34　"百度地图生成器"页面

❸ 在"定位中心点"区域中切换城市，并查找具体位置，如图 3-35 所示。

❹ 放大地图，找到目标所在建筑，单击"添加标注"，使用"T"工具单击地图上目标建筑所在位置，输入公司名称，并保存，如图 3-36 所示。

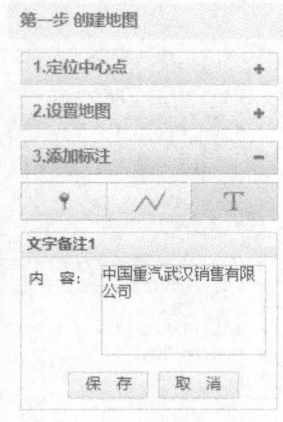

图 3-35　定位中心点　　　　　　图 3-36　添加标注

❺ 设置完成后,单击"获取代码"按钮 ![获取代码],弹出获取代码对话框,如图 3-37 所示。

图 3-37　获取代码对话框

❻ 按 "Ctrl+A" 组合键,选中全部代码,切换至 contactus.html 文件的代码视图,替代所需代码,并根据需要修改地图大小(width 和 height),修改后的代码如图 3-38 所示。

```
<!DOCTYPE html>
<html>
<head>
<meta http-equiv="Content-Type" content="text/html; charset=utf-8" />
<title>武汉恒欣达汽车销售有限公司-联系我们</title>
<style type="text/css">
    .iw_poi_title {color:#CC5522;font-size:14px;font-weight:bold;overflow:hidden;padding-
right:13px;white-space:nowrap}
    .iw_poi_content {font:12px arial,sans-serif;overflow:visible;padding-top:4px;white-
space:-moz-pre-wrap;word-wrap:break-word}
</style>
<script type="text/javascript" src="http://api.map.baidu.com/api?
key=&v=1.1&services=true"></script>
</head>
<body>
<div style="width:650px;height:400px;border:#ccc solid 1px;" id="dituContent"></div>
</body>
<script type="text/javascript">
    //创建和初始化地图函数:
```

图 3-38　替换代码结果

❼ 将光标定位于地图 <div> 代码块下方,切换至"插入"面板,单击"ul项目列表",输入如图 3-33 所示的"单位""地址"等文字,最终代码如图 3-39 所示。

```
<body>
    <!--百度地图容器-->
    <div style="width:600px;height:450px;border:#ccc solid 1px;" id="dituContent"></div>
    <ul>
        <li>单位:中国重汽武汉恒欣达汽车销售有限公司</li>
        <li>地址:武汉市汉阳区汉阳大道彭家塆399号(黄金口汽车市场内</li>
        <li>联系人:梅小姐</li>
        <li>电话:027-84862420  13396081926</li>
        <li>邮编:430051</li>
        <li>网址:www.hbzhongqi.cn</li>
    </ul>
</body>
```

图 3-39　body 块代码结果

Project 4

项目四
网站首页制作

    网站首页是企业网站的门户、门面，也是用户主要浏览的页面。有些企业网站的首页制作比较简单，重点在导航；有些企业网站的首页内容比较丰富，重点在产品的宣传；也有些企业网站的首页做成引导页，重点在吸引眼球。本书合作企业的网站首页制作比较简单，主要是企业产品的宣传图片轮播和导航设计。

任务目标

◎ 熟悉层叠样式表 CSS 的类型及应用

◎ 熟练掌握 DIV+CSS 的布局方法

◎ 掌握导航栏下拉菜单的制作方法

◎ 掌握图片滚动、轮播效果的制作方法

任务 1 设计首页页面布局

任务要求

利用 DIV+CSS 进行首页页面整体布局设计。

扫码观看设计首
页页面布局微课

最终效果

首页页面布局的最终效果如图 4–1 所示。

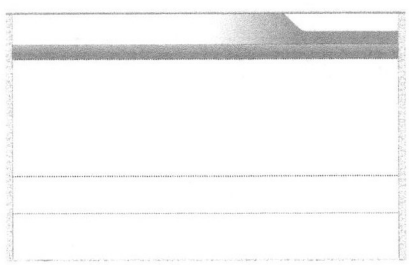

图 4–1 首页页面布局的最终效果图

操作提示

❶ 在根目录下新建首页文件 "index.html"。选择 "文件"→ "新建" 命令，在弹出的 "新建文档" 对话框中单击 "创建" 按钮，如图 4–2 所示，并将该文档保存在根目录中，命名为 "index.html"。

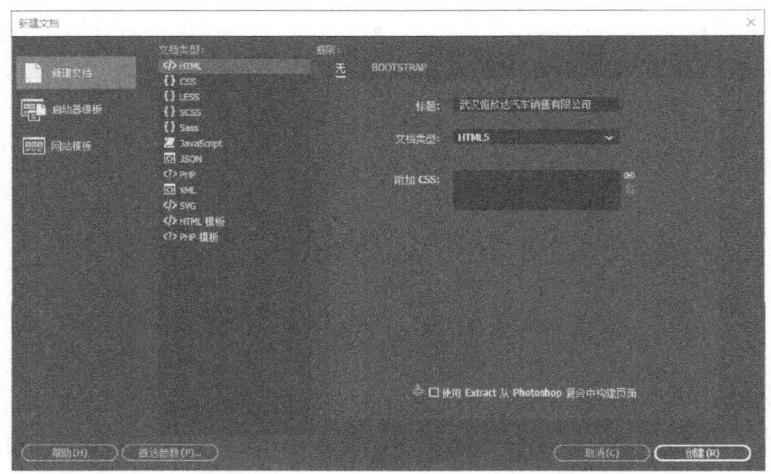

图 4–2 "新建文档" 对话框

❷ 在"style"文件夹中创建 CSS 文件"hxd.css"。打开"index.html"文件，切换到代码视图，并将刚创建的 CSS 文件拖动到"index.html"中，在"index.html"代码里会自动添加一行 link 语句，代码见表 4-1。

表 4-1　添加 CSS 文件到网页文件中

1	<!DOCTYPE html >
2	<html>
3	<head>
4	<meta http-equiv="Content-Type" content="text/html; charset=utf-8" />
5	<title> 无标题文档 </title>
6	<link rel="stylesheet" type="text/css" href="style/hxd.css"/>
7	</head>
8	<body>
9	</body>
10	</html>

❸ 编写"hxd.css"中基础代码，见表 4-2。

表 4-2　CSS 文件通用基础代码

1	body,h2,h3,p,dl,dt,dd,ul,ol,li {	10	color:#000;
2	margin: 0px;	11	}
3	padding: 0px;	12	a:hover {
4	}	13	text-decoration: underline;
5	body,td,th {	14	color:#f00;
6	font-size: 12px;	15	}
7	}	16	img { border: none; }
8	a {	17	ul,ol { list-style: none; }
9	text-decoration: none;	18	.clear { clear:both; }

其中，1～4 行代码的作用是设置页面、标题 2、标题 3、段落、列表四周的间隔为"0"；5～7 行代码的作用是设置页面字体为"12px"；8～15 行代码是设置链接颜色和画线显示方式；16 行代码的作用是去掉图片的边框；17 行代码的作用是去掉列表的标记；18 行代码的作用是去掉浮动的效果。

❹ 分析网站首页最终效果，可将页面从上到下分为五个部分：

1）页眉 top。

2）导航 menu。

3）产品图片轮播 banner。

4）友情链接 link。

5）页脚 foot。

❺ 初步设计首页页面布局。

1）整个网页使用背景图片"indexbg.gif"。

2）网页在浏览器中居中显示，整体宽度为"1000px"，白色背景。

3）top 部分使用一张背景图片，高度为"100px"。

4）menu 部分使用一张背景图片，高度为"37px"，行高为"37px"。此时导航文字会在垂直方向居中。

5）banner 部分设置高度为"450px"，超出部分隐藏。

6）link 和 foot 部分需要多张图片设计效果，暂时只给出高度。

首页页面布局 CSS 代码见表 4-3。

表 4-3 首页页面布局 CSS 代码

1	/* 首页页面布局 */	12	height:100px;
2	body {	13	}
3	background:url(../images/indexbg.gif);	14	#menu {
4	}	15	background:url(../images/nav_bg.png);
5	#main {	16	height:37px;
6	width:1000px;	17	line-height:37px;
7	margin:0px auto;	18	}
8	background-color:#FFF;	19	#banner {height:450px; overflow:hidden;}
9	}	20	#link {height:100px;}
10	#top {	21	#foot {height:120px;}
11	background:url(../images/top_bg.jpg);		

❻ 在"index.html"中插入相应的 DIV。在"插入"面板中单击"DIV"标签，如图 4-3 所示。

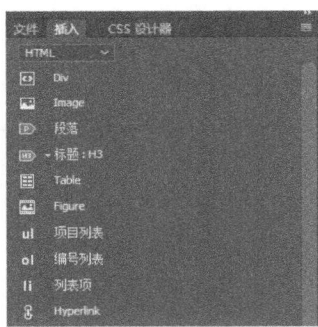

图 4-3 插入 DIV 标签

❼ 在"ID"下拉菜单中选择"main"，如图 4-4 所示。然后单击"确定"按钮，并删除"<div id="main">"和"</div>"之间显示的默认内容。

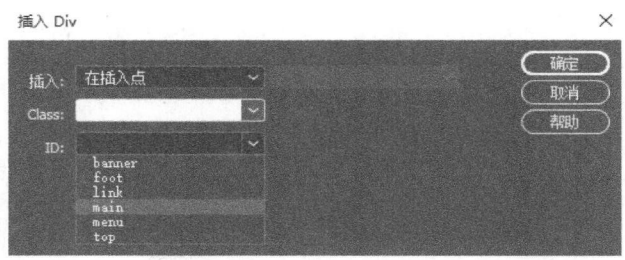

图 4-4 选择自定义 id

⑧ 将光标定位在该 id 为"main"的 DIV 中，连续插入五个 DIV 标签，见表 4-4。

表 4-4　首页布局基本标签

1	`<body>`	6	`<div id="link"></div>`
2	`<div id="main">`	7	`<div id="foot"></div>`
3	`<div id="top"></div>`	8	`</div>`
4	`<div id="menu"></div>`	9	`</body>`
5	`<div id="banner"></div>`		

⑨ 插入 DIV 时，如果不能定位光标，可以在代码视图中进行。

⑩ 在 Dreamweaver 的设计视图中的效果如图 4-1 所示。

任务 2　制作首页页眉

扫码观看制作
首页页眉微课

利用 DIV+CSS 进行首页页眉的设计与制作。

最终效果

首页页眉的最终效果如图 4-5 所示。

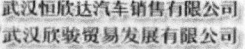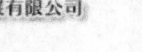

图 4-5　首页页眉的最终效果图

操作提示

❶ 页眉分为左右两个部分。左边放置公司的 Logo 图片，右边放置"联系我们"等三个小图标及对应的文字提示。编写两个自定义 id，分别向左和向右浮动，代码见表 4-5。

表 4-5　页眉左、右两部分 CSS 代码

1	/* 首页页眉 */	7	}
2	#top_logo {	8	#top_connect {
3	float:left;	9	float:right;
4	background:url(../images/logo.jpg) no-repeat left center;	10	width:240px;
5	width:400px;	11	height:60px;
6	height:100px;	12	}

❷ 在 id 为 "top" 的 DIV 中插入两个 DIV，代码见表 4-6。

表 4-6　首页页眉布局基本代码

1	<div id="top">
2	<div id="top_logo"></div>
3	<div id="top_connect "></div>
4	</div>

❸ "联系公司" 等三个小图标使用列表完成。列表内容需要水平放置，因此设置浮动向左。在 CSS 文件中添加表 4-7 所示语句。

表 4-7　使用列表完成页眉右上角的代码

1	#top_connect li {	3	width:60px;
2	float:left;	4	}

❹ 在网页文件的 "#top_connect" 里依次插入三张图片，每插入一张图片，按一次 <Enter> 键，然后选中三张图片，并单击 "属性" 面板上的 "项目列表" 按钮，如图 4-6 所示。

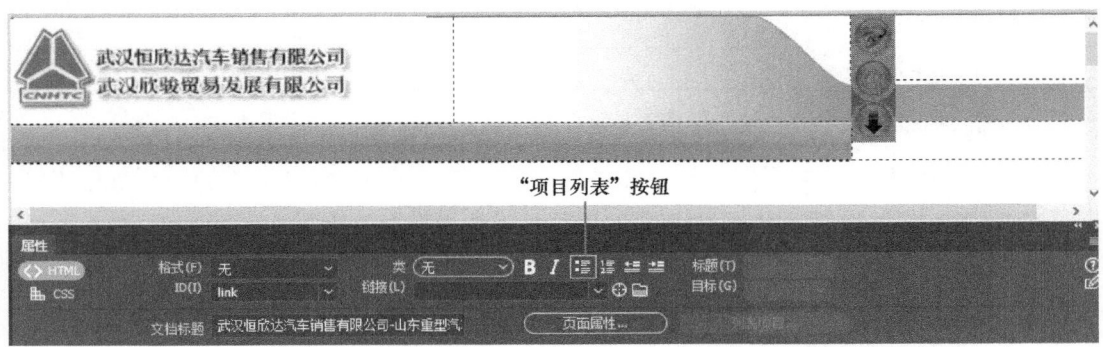

图 4-6　将插入的三张图片设计为列表

❺ 在每张图片的右侧按 <Ctrl+Enter> 组合键进行换行，并分别输入图片下方的提示文字，如图 4-7 所示。

图 4-7　设置为列表后的效果

❻ "index.html" 中的代码见表 4-8。

表 4-8　设置为列表后的代码

1	`<div id="top_connect">`
2	`<ul>`
3	`<li><img src="images/connect.gif" width="40" height="40" /> `
4	联系我们
5	`</li>`
6	`<li><img src="images/email_2.gif" width="40" height="40" /> `
7	公司邮箱
8	`</li>`
9	`<li><img src="images/collection.gif" width="40" height="40" /> `
10	收藏本站
11	`</li>`
12	`</ul>`
13	`</div>`

❼ 设置此三个小图标的效果：图标及文字要居中，并且左右两边增加空隙。在 CSS 文件中添加"#top_connect"中"li"的代码，见表 4-9。

表 4-9　通过 CSS 语句控制图标显示效果的代码

1	#top_connect li {	4	text-align:center;
2	float:left;	5	padding:0px 8px;
3	width:60px;	6	}

❽ 添加如下链接：

给"联系我们"文字及对应图标添加链接，链接地址为"../about/contactus.html"。

给"公司邮箱"文字及对应图标添加邮件链接，链接地址为"mailto:1365247456@qq.com?subject= 产品咨询"。

给"收藏本站"文字及对应图标添加链接，链接地址为"http://www.hbzhongqi.cn"，并切换到代码视图，在"`<a>`"中添加 onClick 语句，添加后完整的代码为"`<a onClick= "window.external.addFavorite('http://www.hbzhongqi.cn',' 武汉恒欣达汽车销售有限公司 ');return false;" href=http://www.hbzhongqi.cn>`"。

任务 3　制作首页导航

任务目标

利用 DIV+CSS 设计首页导航，要求一级导航具有下拉效果。

扫码观看制作首页导航（一级导航）微课

扫码观看制作首页导航（二级导航）微课

最终效果

首页导航的最终效果如图 4-8 所示。

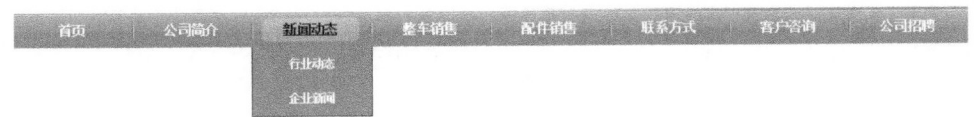

图 4-8 首页导航的最终效果图

操作提示

❶ 将光标定位在 "<div#menu>"，连续输入一级导航和二级导航，每输入一条，按 <Enter> 键一次，形成段落。

❷ 导航内容：首页、公司简介、新闻动态、行业动态、企业新闻、整车销售、豪卡系列、豪威系列、豪运系列、豪沃 7 系列、豪沃 8 系列、斯太尔王系列、金王子系列、黄河少帅、斯太尔系列、华威专用汽车、配件销售、驾驶室、发动机、车桥、零部件、联系方式、客户咨询、公司招聘。

❸ 输入完成后，选中全部导航文字，在 "属性" 面板将其设置为列表。

❹ 分别选择二级导航，单击 "属性" 面板上的 "缩进" 按钮，如图 4-9 所示。

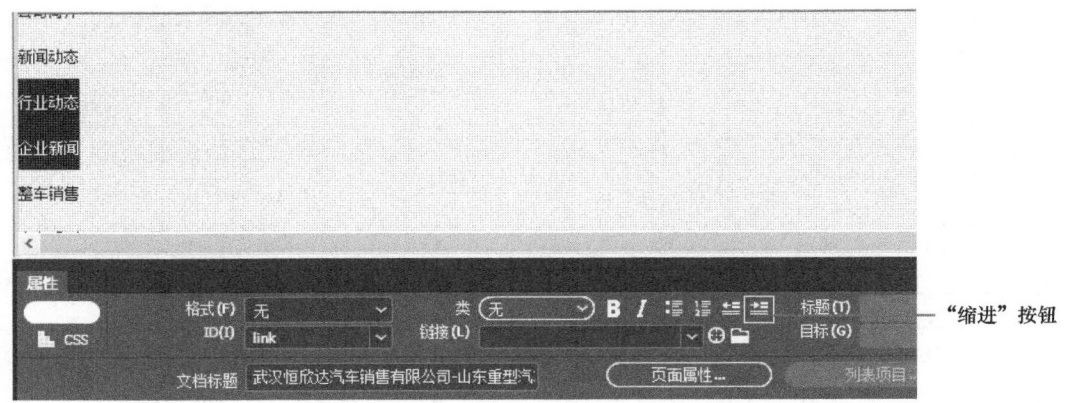

图 4-9 "属性" 面板上的 "缩进" 按钮

❺ "index.html" 中导航部分的基本源代码见表 4-10。

表 4-10　导航部分的基本源代码

1	`<div id="menu">`	20	`<li> 黄河少帅 </li>`
2	`<ul>`	21	`<li> 斯太尔系列 </li>`
3	`<li> 首页 </li>`	22	`<li> 华威专用汽车 </li>`
4	`<li> 公司简介 </li>`	23	`</ul>`
5	`<li> 新闻动态`	24	`</li>`
6	`<ul>`	25	`<li> 配件销售`
7	`<li> 行业动态 </li>`	26	`<ul>`
8	`<li> 企业新闻 </li>`	27	`<li> 驾驶室 </li>`
9	`</ul>`	28	`<li> 发动机 </li>`
10	`</li>`	29	`<li> 车桥 </li>`
11	`<li> 整车销售`	30	`<li> 零部件 </li>`
12	`<ul>`	31	`</ul>`
13	`<li> 豪卡系列 </li>`	32	`</li>`
14	`<li> 豪威系列 </li>`	33	`<li> 联系方式 </li>`
15	`<li> 豪运系列 </li>`	34	`<li> 客户咨询 </li>`
16	`<li> 豪沃 7 系列 </li>`	35	`<li> 公司招聘 </li>`
17	`<li> 豪沃 8 系列 </li>`	36	`</ul>`
18	`<li> 斯太尔王系列 </li>`	37	`</div>`
19	`<li> 金王子系列 </li>`		

❻ 给所有的一级导航和二级导航都加上链接。

给一级导航添加的链接分别是：首页链接"index.html"，公司简介链接"about/aboutus.html"，新闻动态链接"news/news.html"，整车销售链接"product/product.html"，配件销售链接"product/accessory.html"，联系方式链接"about/contactus.html"，客户咨询链接"consult/consult.html"，公司招聘链接"job/job.html"。

给二级导航全部加上空链接。

❼ 编写一级导航的 CSS 语句，见表 4-11。

表 4-11　实现导航中一级导航的 CSS 语句

1	`/* 首页导航 */`	11	`background:url(../images/nav_bg.png) no-repeat left –36px;`
2	`#menu li {`	12	`}`
3	`float:left;`	13	`#menu li.first { background:none;}`
4	`width:125px;`	14	`#menu li a{`
5	`height:37px;`	15	`display:block;`
6	`line–height:37px;`	16	`color:#FFF;`
7	`text–align:center;`	17	`}`
8	`position:relative;`	18	`#menu li a:hover {`
9	`font-size:14px;`	19	`background:url(../images/nav_bg.png) no-repeat center –72px;`
10	`font-weight:bold;`	20	`color:#000; }`

其中，第 2 ~ 12 行代码的作用是设置一级导航列表项的属性，包括浮动向左、宽度、高度、行高、文字对齐、相对定位、字体大小及加粗、背景图片；一级导航里两两之间有一条分隔线，但"首页"的左侧是没有的，因此第 13 行代码的作用是取消含分隔线的这个背景；第 14 ~ 20 行代码是一级导航链接和光标指向的效果设计。

⑧ 编写二级导航的 CSS 语句，见表 4-12。

表 4-12　实现导航中二级导航的 CSS 语句

1	#menu li ul {	11	}
2	position:absolute;	12	#menu li li a{
3	border:#1b9ebb solid 1px;	13	background:#1b9ebb;
4	border-top:none;	14	display:block;
5	background-color:#1b9ebb;	15	}
6	display:none;	16	#menu li li a:hover {
7	z-index:9999;	17	background:#fff;
8	}	18	color:#1b9ebb;
9	#menu li li{	19	}
10	font-size:12px;		

　　其中，第 1 ～ 8 行代码的作用是设置二级导航列表属性，包括绝对定位、边框、背景颜色、隐藏、尽量置于顶层；第 9 ～ 11 行代码的作用是设置二级导航列表项文字大小；第 12 ～ 19 行代码是二级导航的链接效果设计。

　　⑨ 将自定义类 "first" 应用给 "首页" 的 "li"：选择 "首页" 选项，在标签选择器上单击 "<li>"，在 "属性" 面板的 "类" 中选择 "first"，如图 4-10 所示。

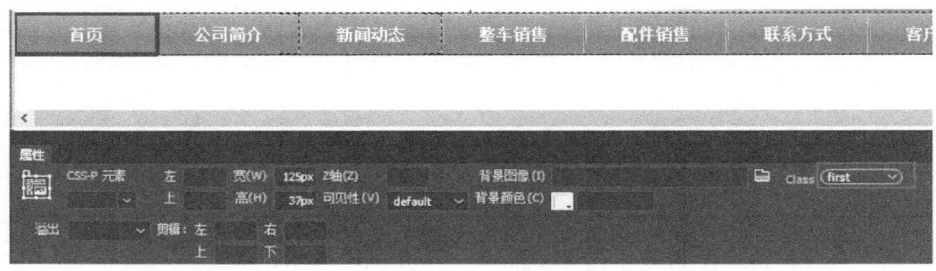

图 4-10　在 "属性" 面板添加自定义类

　　⑩ 此时，二级导航已经隐藏。现在使用脚本编写一个显示或隐藏层的函数，并将其放置在头元素 "head" 部分，见表 4-13。

表 4-13　使用脚本编写 showhidediv 函数

1	<script type="text/javascript">
2	<!--
3	function showhidediv(menuid,displayway)
4	{
5	document.getElementById(menuid).style.display=displayway;
6	}
7	-->
8	</script>

　　其中，function 用来定义函数，函数名称是 showhidediv，它有两个参数，menuid 参数表示二级导航的 id 值，displayway 表示该二级导航是否显示；document 文档对象，是一个顶层对象，getElementById 是它的一个方法，用来获取指定对象的 id。

⓫ 把这个函数应用到有二级导航的位置。首先给"新闻动态"的二级导航"<ul>"添加一条属性（id="disp1"），然后给"新闻动态"的"<li>"添加光标指向和光标离开的语句。代码见表4-14。

表4-14　使用 JS 函数实现光标指向效果和光标离开的代码

1	<li onmouseover="showhidediv('disp1','block')" onmouseout="showhidediv('disp1','none')">
2	<a href="news/news.html"> 新闻动态 </a>
3	<ul id="disp1">
4	<li><a href="#"> 行业动态 </a></li>
5	<li><a href="#"> 企业新闻 </a></li>
6	</ul>
7	</li>

⓬ 用同样的方法设计"整车销售"和"配件销售"。代码见表4-15。

表4-15　对一级导航同样实现光标指向效果和光标离开的代码

1	<li onmouseover="showhidediv('disp2','block')" onmouseout="showhidediv('disp2','none')">
2	<a href="product/product.html"> 整车销售 </a>
3	<ul id="disp2">
	……
1	<li onmouseover="showhidediv('disp3','block')" onmouseout="showhidediv('disp3','none')">
2	<a href="product/ accessory.html"> 配件销售 </a>
3	<ul id="disp3">
	……

任务 4　制作首页 banner

扫码观看制作首页
banner 微课

任务要求

　　利用 jQuery 设计产品图片轮播广告，要求能够左右切换及直接切换。

最终效果

　　产品图片轮播的最终效果如图4-11所示。

产品图片轮播的
最终效果图

图 4-11　产品图片轮播的最终效果图

操作提示

❶ 本次任务需要用到的两个 jQuery 脚本框架程序为 "jquery.min.js" 和 "jquery. flexslider. min.js"，任务素材中已经提供，也可以到网站 "http://jquery.com" 或 "http:// flex.madebymufffin. com" 上下载。

❷ 将这两个脚本文件应用到 "index.htm"，并放置在头元素 "head" 部分，代码见表 4-16。

表 4-16　将两个 JS 文件应用到网页中的代码

1	<script src="style/jquery.min.js" type="text/javascript"></script>
2	<script src="style/jquery.flexslider.min.js" type="text/javascript"></script >

❸ 在 CSS 文件中自定义类 flexslider 和 slider，代码见表 4-17。

表 4-17　JS 脚本必需的两个自定义类的代码

1	/* 首页 banner*/	5	position:relative;
2	.flexslider {	6	}
3	width:100%;	7	.slides {
4	height:450px;		}

❹ 在 "div#banner" 中插入 "flexslider"。

❺ 在 "div.flexslider" 中插入五张图片，每插入一张图片按一次 <Enter> 键。选择五张图片，单击 "属性" 面板上的 "项目列表" 按钮，将段落格式转化为列表。代码见表 4-18。

表 4-18　对五张图片制作轮播效果的代码

1	<div id="banner">
2	<div class="flexslider">
3	<ul>
4	<li><img src="UploadFiles/s1.jpg" width="1000" height="450" /></li>
5	<li><img src="UploadFiles/s2.jpg" width="1000" height="450" /></li>
6	<li><img src="UploadFiles/s3.jpg" width="1000" height="450" /></li>
7	<li><img src="UploadFiles/s4.jpg" width="1000" height="450" /></li>
8	<li><img src="UploadFiles/s5.jpg" width="1000" height="450" /></li>
9	</ul>
10	</div>
11	</div>

❻ 在代码窗口中，将光标定位于 "<ul>" 标签，添加 "class" 属性，如图 4-12 所示，在出现的 "类" 下拉列表中选择 "slides"。

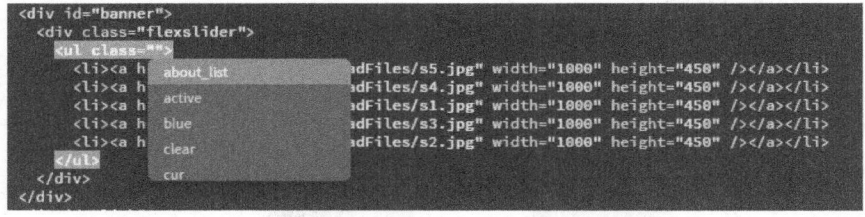

图 4-12　为 "<ul>" 标签添加 slides 类

❼ 编写脚本语句，见表 4-19（素材中已经提供该代码）。

表 4-19　图片轮播效果的 JS 语句

1	`<script type=text/javascript>`
2	`<!--`
3	`var runtimes = 0;`
4	`$(document).ready(function() {`
5	`    $('.flexslider').hover(function() {`
6	`        $('.flex-direction-nav li a.prev').css('display', 'block');`
7	`        $('.flex-direction-nav li a.next').css('display', 'block');`
8	`    }, function() {`
9	`        $('.flex-direction-nav li a.prev').css('display', 'none');`
10	`        $('.flex-direction-nav li a.next').css('display', 'none');`
11	`    });`
12	`    $('.flexslider').flexslider();`
13	`});`
14	`//-->`
15	`</script>`

jQuery 是优秀的 JavaScript 框架，"$"是 jQuery 库的申明，"$ (document).ready(function()"相当于"document.onload"，表示页面载入完成后执行指定函数；"flexslider"是 jQuery 的滑动切换插件，具有淡入淡出的效果。

❽ 至此，产品图片轮播已经显现，接下来设计轮播效果。首先添加能左右单击切换图片的功能，CSS 代码见表 4-20。

表 4-20　图片轮播中左右切换图片的 CSS 代码

1	`.flex-direction-nav li a {`	13	`right:0px;`
2	`position:absolute;`	14	`}`
3	`display:none;`	15	`.flex-direction-nav li a.next:hover {`
4	`width:47px;`	16	`background:url(../images/bg_direction_nav.png) no-repeat -47px -80px;`
5	`z-index:11;`	17	`}`
6	`height:80px;`	18	`.flex-direction-nav li a.prev {`
7	`top:185px;`	19	`background:url(../images/bg_direction_nav.png) no-repeat 0px 0px;`
8	`cursor:pointer;`	20	`left:0px;`
9	`text-indent:-9999px;`	21	`}`
10	`}`	22	`.flex-direction-nav li a.prev:hover {`
11	`.flex-direction-nav li a.next {`	23	`background:url(../images/bg_direction_nav.png) no-repeat 0px -80px;`
12	`background:url(../images/bg_direction_nav.png) no-repeat -47px 0px;`	24	`}`

❾ 然后添加直接单击准确切换图片的功能，CSS 代码见表 4-21。

表 4-21 图片轮播中准确切换图片的 CSS 代码

1	.flex-control-nav {	13	height:10px;
2	position:absolute;	14	background:url(../images/bg_control_nav-0.png) no-repeat;
3	left:50%;	15	cursor:pointer;
4	bottom:0px;	16	text-indent:-9999px;
5	}	17	}
6	.flex-control-nav li {	18	.flex-control-nav li a:hover {
7	float:left;	19	background:url(../images/bg_control_nav-1.png) no-repeat;
8	margin:0px 5px 6px;	20	}
9	}	21	.flex-control-nav li a.active {
10	.flex-control-nav li a {	22	background:url(../images/bg_control_nav-1.png) no-repeat;
11	display:block;	23	cursor:pointer;
12	width:10px;	24	}

⑩ 最终效果如图 4-11 所示。

⑪ 也可以设计为数字链接的效果，只需要修改相应的 CSS 代码即可。修改后的 CSS 代码见表 4-22。

表 4-22 图片轮播中使用数字切换的 CSS 代码

1	.flex-control-nav {	13	width:10px;
2	position:absolute;	14	height:10px;
3	right:0px;	15	cursor:pointer;
4	bottom:0px;	16	padding:6px 4px 8px 8px;
5	}	17	}
6	.flex-control-nav li {	18	.flex-control-nav li a:hover {
7	float:left;	19	background-color:#FFF;
8	margin:0px 5px 6px;	20	text-decoration:none;
9	}	21	}
10	.flex-control-nav li a {	22	.flex-control-nav li a.active {
11	display:block;	23	background-color:#CCC;
12	background:#F63;	24	}

⑫ 修改后的效果如图 4-13 所示。

图 4-13 图片轮播中数字切换效果图

任务 5   制作首页友情链接栏目

扫码观看制作首页
友情链接栏目微课

任务要求

利用 DIV+CSS 设计友情链接栏目。

最终效果

友情链接的最终效果如图 4-14 所示。

> ○ 友情链接
> 【山东重汽集团有限公司】　【济南客车有限责任公司】　【重汽集团专用汽车公司】　【中国重汽（香港）有限公司】　【重汽集团济南特种车有限公司】
> 【中国重汽湖北华威专用汽车有限公司】

图 4-14　友情链接的最终效果图

操作提示

❶ 友情链接外框效果由上下两张图片实现，中间部分使用左右边框完成。先在 CSS
文件中自定义三个 id，代码见表 4-23。

表 4-23　设置友情链接外框效果的 CSS 代码

1	/* 友情链接 */	10	border-left:#CCC solid 1px;
2	#link_top {	11	border-right:#CCC solid 1px;
3	background:url(../images/link_thead.gif);	12	padding:8px;
4	height:28px;	13	overflow:hidden;
5	line-height:28px;	14	}
6	padding-left:26px;	15	#link_bot {
7	font-weight:bold;	16	background:url(../images/link_tfoot.gif);
8	}	17	height:5px;
9	#link_con {	18	}

❷ 修改 CSS 文件中 "#link" 的代码。设定宽度为 "990px"，并且居中，代码见
表 4-24。

表 4-24　修改 "#link" 的 CSS 代码

1	#link {	3	margin:8px auto;
2	width:990px;	4	}

❸ 在 "index.html" 中定位 "div#link"，连续插入刚刚创建的三个自定义 id，代码
见表 4-25。

表 4-25 表现友情链接结构的基本代码

1	<div id="link">
2	<div id="link_top"> 友情链接 </div>
3	<div id="link_con">...</div>
4	<div id="link_bot"></div>
5	</div>

❹ 友情链接的内容使用列表设计。先按顺序输入友情链接文字，并制作成列表，代码见表 4-26。

表 4-26 友情链接文字列表代码

1	<div id="link_con">
2	<ul>
3	<li>【山东重汽集团有限公司】</li>
4	<li>【济南客车有限责任公司】</li>
5	<li>【重汽集团专用汽车公司】</li>
6	<li>【中国重汽（香港）有限公司】</li>
7	<li>【重汽集团济南特种车有限公司】</li>
8	<li>【中国重汽湖北华威专用汽车有限公司】</li>
9	</ul>
10	</div>

❺ 为实现列表项水平放置，需要在 CSS 文件中添加浮动效果代码，代码见表 4-27。

表 4-27 友情链接文字浮动效果 CSS 代码

1	#link_con li {	4	padding:4px;
2	float:left;	5	}
3	margin-right:8px;		

❻ 给友情链接各项分别添加超级链接，打开目标均设置为 "_blank"。

❼ 最终效果如图 4-14 所示。

任务 6 制作首页页脚

任务要求

利用 DIV+CSS 设计首页页脚。

最终效果

首页页脚的最终效果如图 4-15 所示。

图 4-15 首页页脚的最终效果图

> **操作提示**

❶ 首页页脚分为上下两部分，上部显示常用工具链接，使用背景颜色和边框设计，下部显示网站版权说明，使用图片作背景。由于该背景图片是透明的，并且需要显示出整个网页的背景图片，而"#main"中添加了白色背景，所以应该把"#foot"从"#main"中独立出来。修改 CSS 文件中"#foot"的代码见表 4-28。

表 4-28　修改前面设计的"#foot"代码

1	#foot {	4	height:100px;
2	width:1000px;	5	background:url(../images/bottom.gif) no-repeat;
3	margin:0px auto;	6	}

❷ 修改"index.html"文件，把"#foot"从"#main"中移动出来，修改前后的代码对比如图 4-16 所示。

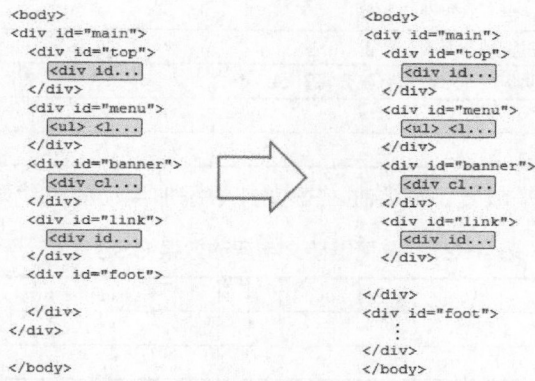

图 4-16　把"#foot"从"#main"中独立出来

❸ 在 CSS 文件中编写两个自定义 id，代码见表 4-29。

表 4-29　将页脚分上下两个部分设计代码

1	/* 版权说明 */	8	line-height:30px;
2	#foot_tool {	9	text-align:center;
3	width:990px;	10	}
4	margin:0px auto;	11	#foot_copyright {
5	background-color:#5db9cf;	12	text-align:center;
6	border-top:#199dba solid 3px;	13	padding-top:24px;
7	height:30px;	14	}

❹ 在"index.html"文件中定位"div#foot"，插入以上两个自定义 id，代码见表 4-30。

表 4-30　页脚部分布局基本代码

1	<div id="foot">
3	<div id="foot_tool">...</div>
4	<div id="foot_copyright">...</div>
5	</div>

❺ 预览效果如图 4-17 所示，友情链接和版权说明之间多出了透明的背景。

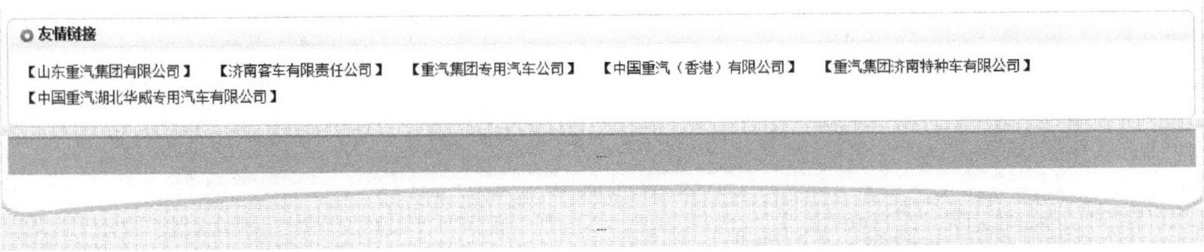

图 4-17 友情链接和版权说明之间多出了透明的背景

❻ 可修改 CSS 文件中"#foot_tool"的代码，见表 4-31。

表 4-31 修改"#foot_tool"后的代码

1	#foot_tool {	6	height:30px;
2	width:990px;	7	line-height:30px;
3	margin:0px auto;	8	text-align:center;
4	background-color:#5db9cf;	9	padding:8px 0px;
5	border-top:#199dba solid 3px;	10	}

❼ 添加"div# foot_tool"的内容，并设置相应的链接，代码见表 4-32。

表 4-32 页脚第一部分源代码

1	<div id="foot_tool">
2	<a href="http://map.baidu.com" target="_blank" title=" 快速直达百度地图 "> 百度地图 </a>|
3	<a href="http://www.ip138.com/post/" target="_blank" title=" 查询邮政编码 "> 邮政编码 </a>|
4	<a href="http://weather.news.sina.com.cn/" target="_blank" title=" 全国各地天气预报 "> 天气预报 </a>|
5	<a href="http://wuhan.8684.cn/" target="_blank" title=" 快速查找武汉公交线路 "> 武汉公交 </a>|
6	<a href="http://www.shike.org.cn/" target="_blank" title=" 全国铁路列车时刻，动态更新 "> 列车时刻 </a>|
7	<a href="#" target="_blank"> 管理登录 </a>
8	</div>

❽ 添加"div#foot_copyright"的内容，换行时按 <Ctrl+Enter> 组合键，代码见表 4-33。

表 4-33 页脚第二部分源代码

1	<div id="foot_copyright">
2	网站访问量：
3	<img src=images/number/1.gif align=absmiddle >
4	<img src=images/number/8.gif align=absmiddle >
5	<img src=images/number/9.gif align=absmiddle >
6	<img src=images/number/9.gif align=absmiddle >
7	
8	武汉恒欣达汽车销售公司 版权所有 © 2010-2015
9	</div>

知识链接

一、CSS 盒模型

CSS 盒模型对于使用 DIV+CSS 布局的方式来说是非常重要的概念，因为盒模型是 CSS 定位布局的核心。在学习了布局网页的基本方法之后，只需要利用 DIV 元素和 CSS 设置元素的显示方式就能够进行大规模的布局工作。

1. CSS 盒模型的概念

HTML 中大部分的元素（特别是块状元素，如 DIV）都可以看作是一个盒子，而网页就是由这些大大小小的盒子在页面中的摆放位置。当某个元素被摆放到页面上时，这些盒子有的排到上一行，而网页布局即便是有关盒子摆放位置的，而这么多的盒子摆在一起，都需要考虑它们是对盒子的尺寸的如何摆放、如何排列看的问题，这又属于盒子的各个属性的尺寸了，是否对齐的等。

那么为什么我们要把 HTML 元素看作盒模型来研究呢？因为 HTML 元素就像我们的一个盒子一样，盒子里面的内容到盒子的边框之间的距离即是填充（padding），盒子本身有边框（border），而盒子边框外和其他盒子之间还有间隔（margin），具体效果如图 4-18 所示。

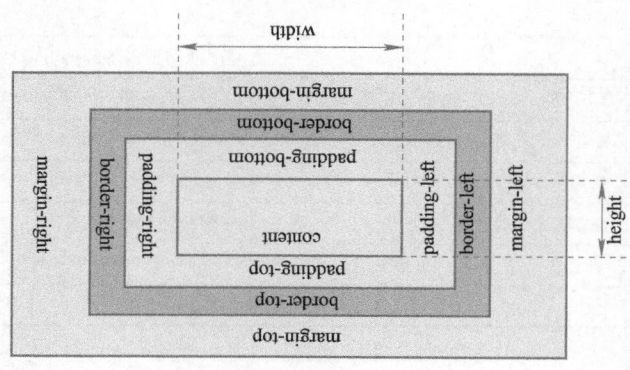

图 4-18 盒模型示意图

外边距属性（margin），在 CSS 中可以拆分为 margin-top（顶端外边距）、margin-bottom（底端外边距）、margin-left（左边外边距）和 margin-right（右边外边距）。

CSS 的边框属性（border）和内边距属性（padding）同样可以拆分为 4 项。在 Web 标准中，CSS 的 width 即指的是盒子所有内容的宽度，而整个盒子的实际所占宽度为

盒子宽度 =（padding-left + border-left + margin-left + width + padding-right + border-right + margin-right）

相应地，CSS 的 height 即指的是盒子所有内容的高度，而整个盒子的实际所占高度为

盒子高度 =（margin-top + border-top + padding-top + height + padding-bottom + border-bottom + margin-bottom）

在使用盒模型的过程中，还需要注意以下几点：

1）边界值可以为负值，但浏览器不同，可能显示不一样。

2）填充值不可以为负值。

3）对于块级元素，未浮动的垂直相邻元素的上边界和下边界会被压缩。

4）对于浮动元素，边界不压缩，并且若浮动元素不声明宽度，则其宽度趋于 0。

5）如果盒中没有任何内容，不管宽度值和高度值设置为多少，都不会被显示。

在 CSS 中，width 和 height 指的是内容区域（element）的宽度和高度。增加内边距、边框和外边距不会影响内容区域的尺寸，但会增加元素框的总尺寸。假设框的每个边上有 10px 的外边距和 5px 的内边距，如果希望这个元素框达到 100px，就需要将内容的宽度设置为 70px。以下是 CSS 代码：

```
#box {
width: 70px;
margin: 10px;
padding: 5px;
 }
```

实例效果图如图 4-19 所示。

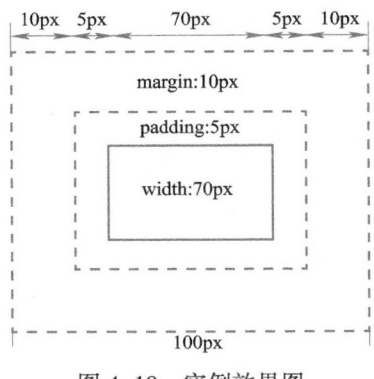

图 4-19　实例效果图

2. 外边距 margin

margin 属性用于设置容器的外边距，语法格式如下：

```
{ margin:margin-top margin-right margin-bottom margin-left;}
```

参数值的排列是上、右、下、左规则，如 margin:10px 20px 30px 40px。如果元素四边 margin 值一致，则统一设置为 marg:0px。另外，也可能出现参数为 2 个或 3 个值的情况，这时，省略的一边与对边相同。

3. 内边距 padding

内边距是指盒子边框和内容之间的距离，语法与外边距（margin）相似，也是上、右、下、左规则。

```
{ padding:padding-top padding-right padding-bottom padding-left;}
```

4. 边框 border

border 属性用于设置容器的边距，语法格式如下：

{ border: border-width boerder-style border-color;}

其中，border-width 为边框宽度，border-style 为边框风格，border-color 为边框颜色。这是一种复合写法，也可将三个属性值分开写，如 "border-width:1px;"。

二、DIV 介绍

DIV 元素是用来为 HTML 文档内大块（block-level）的内容提供结构和背景的元素。DIV 的起始标签和结束标签之间的所有内容都是用来构成这个块的，其中所包含元素的特性由 DIV 标签的属性来控制，或者是通过使用样式表格式化这个块来进行控制。

1. DIV 定义

1）<div> 可定义文档中的分区或节（division/section）。

2）<div> 标签可以把文档分割为独立的、不同的部分。它可以用作严格的组织工具，并且不使用任何格式与其关联。

如果用 id 或 class 来标记 <div>，那么该标签的作用会变得更加有效。

2. DIV 用法

<div> 是一个块级元素，这意味着它的内容自动地开始一个新行。实际上，换行是 <div> 固有的唯一格式表现，可以通过 <div> 的 class 或 id 应用额外的样式，不必为每一个 <div> 都加上类或 id，虽然这样做也有一定的好处，可以对同一个 <div> 元素应用 class 或 id 属性，但是更常见的情况是只应用其中一种。这两者的主要差异是，class 用于标识元素组（类似的元素，或者可以理解为某一类元素），而 id 用于标识唯一的元素。

3. CSS 常用属性

（1）文本属性　CSS 常用文本属性见表 4-34。

表 4-34　文本属性

color: #999999	文字颜色
font-family: 宋体	文字字体
font-size: 10px	文字大小
font-style:italic	文字斜体
font-variant:small-caps	小字体
letter-spacing: 1px	文字间距
line-height: 200%	设定行高
font-weight:bold	文字粗体
vertical-align:sub	下标字
vertical-align:super	上标字

（续）

text-decoration:line-through	加删除线
text-decoration:overline	加顶线
text-decoration:underline	加底线
text-decoration:none	除连接底线
text-transform: capitalize	首字母大写
text-transform: uppercase	英文大写
text-transform: lowercase	英文小写
text-align:right	文字右对齐
text-align:left	文字左对齐
text-align:center	文字居中对齐
text-shadow: 2px 3px 5px #FF0000;	文字阴影

（2）背景属性　CSS 常用背景属性见表4-35。

表4-35　背景属性

background-color:black	背景颜色
background-image: url(image/bg.gif)	背景图片
background-attachment : fixed	固定背景
background-repeat : repeat	重复排列 – 网页预设
background-repeat : no-repeat	不重复排列
background-repeat : repeat-x	在 x 轴重复排列
background-repeat : repeat-y	在 y 轴重复排列
background-position : 90% 90%	背景图片 x 与 y 轴的位置

（3）链接属性　CSS 常用链接属性见表4-36。

表4-36　链接属性

a	所有超链接
a:link	超链接文字格式
a:visited	浏览过的链接文字格式
a:active	单击链接的格式
a:hover	鼠标移至链接的格式

（4）边框属性　CSS 常用边框属性见表4-37。

表4-37　边框属性

border-top : 1px solid black	上框
border-bottom : 1px solid #6699cc	下框
border-left : 1px solid #6699cc	左框
border-right : 1px solid #6699cc	右框
border: 1px solid #6699cc	四边框
border-radius: 20px;	圆角边框
box-shadow: 10px 10px 5px #888888;	盒子阴影

（5）DIV 事件属性　CSS 常用 DIV 事件属性见表4–38。

表4-38　DIV 事件属性

onclick()	单击
ondblclick()	双击
onmousedown()	鼠标按下
onmouseup()	鼠标抬起
onmousemove()	鼠标移动
onmouseover()	鼠标在 div 内部
onmouseout()	鼠标移出 div
onkeypress()	键盘按键
onkeydown()	键盘按下
onkeyup()	按键抬起

三、DIV+CSS 布局

1. 流动布局

最简单的布局方式就是流动布局，其特点是将网页中各种布局元素按照其在 HTML 代码中的顺序，从上而下依次显示，如图4-20 所示。流动布局方式的优点是结构简单，和各浏览器兼容性好；缺点是无法实现左右分栏的样式。

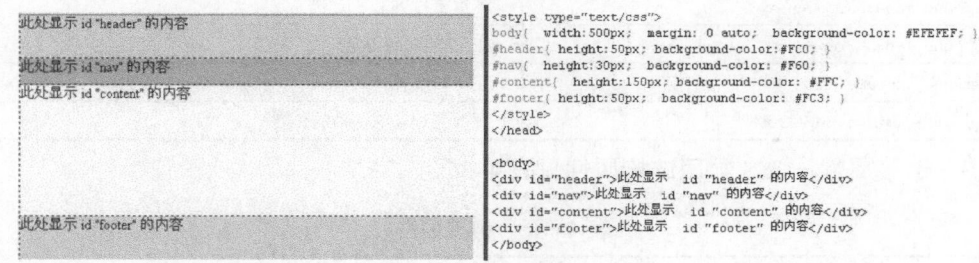

图 4-20　流动布局示例

2. 浮动布局

浮动布局的作用是定义网页布局标签在脱离网页的流动布局结构后显示的方向，主要用于解决多个块元素共存于一行的问题。使用 float 属性可实现标签的浮动显示。浮动布局示例如图 4-21 所示。

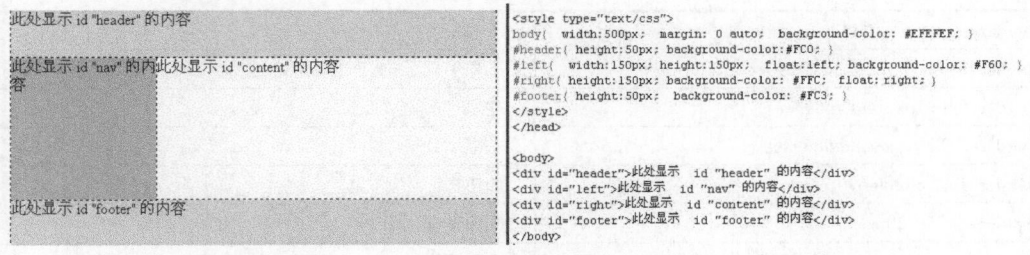

图 4-21　浮动布局示例

3. 绝对定位布局

绝对定位布局是以浏览器的左上角或其上一级元素的左上角为坐标原点来确定自身的位置，精确地设置标签在页面中的具体位置和层叠次序，如图 4-22 所示。

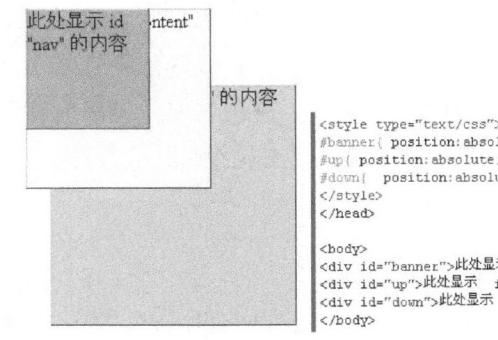

```
<style type="text/css">
#banner{ position:absolute;  top:80px; left:30px; width:200px; height:200px;background-color:#FC0; }
#up{ position:absolute;  width:100px; height:100px;  z-index:2; background-color: #F60; }
#down{  position:absolute;  width:150px; height:150px; z-index:1;  background-color: #FFC; }
</style>
</head>

<body>
<div id="banner">此处显示  id "banner" 的内容</div>
<div id="up">此处显示  id "nav" 的内容</div>
<div id="down">此处显示  id "content" 的内容</div>
</body>
```

图 4-22　绝对定位布局示例

四、DIV+CSS 的优势

1）符合 W3C（World Wide Web Consortium，万维网联盟）标准。

2）精简代码，降低重构难度。网站使用 DIV+CSS 布局精简代码，CSS 文件可以在网站的任意一个页面进行调用。而若使用表格，则修改部分页面会很麻烦。如果是一个门户网站，需手动修改很多页面，但使用 DIV+CSS 布局只需修改 CSS 文件中的一个代码即可。

3）网页访问速度更快。由于将大部分页面代码写在了 CSS 文件中，因此页面所占空间更小。相对于表格嵌套的方式，DIV+CSS 将页面划分成更多独立的区域，在打开页面的时候，逐层加载；而不像表格嵌套那样将整个页面圈在一个大表格里，使得加载速度很慢。

4）修改设计时更有效率。由于使用了 DIV+CSS 制作方法，内容和结构分离，在修改页面的时候更省时。根据区域内容标记，到 CSS 文件里找到相应的 id，使得修改页面的时候更加方便，也不会破坏页面其他部分的布局样式，在团队开发中更容易分工合作而减少相互的关联性。

5）搜索引擎更加友好。相对于传统的表格，采用 DIV+CSS 技术的网页，由于将大部分的 HTML 代码和内容样式写入了 CSS 文件中，这就使得网页中代码更加简洁，正文部分更为突出、明显，便于被搜索引擎采集收录。

五、网站导航栏目设计

1. 网站导航功能

导航的功能是让用户更容易地找到需要的信息，能对用户起到很好的引导作用。一个有吸引力的导航能够吸引用户去浏览更多的网站内容，增加用户在网站的停留时间。导航在网站设计中的地位举足轻重，它引导着用户进行浏览和查找。一个良好的导航系统能让用户在离开网站时感觉享受了一次愉快的旅程。

2. 顶部水平栏导航

顶部水平栏导航是当前两种流行的网站导航栏设计模式之一。它常用于网站的主导航菜单，且通常放在网站所有页面的头部的直接上方或直接下方。顶部水平栏导航对于只需在主导航中显示 5 ～ 12 个导航项的网站来说是非常好的。这也是单列布局的网站的主导航的唯一选择（除了通常用于二级导航系统的底部导航）。当它与下拉子导航结合时，这种设计模式可以支持更多的链接。所有重要的信息都会固定在顶部，这样用户使用起来会更简便。

3. 抽屉式导航设计

默认情况下，导航菜单根本不显示，只有当鼠标指针指向指定的小图标时，第一个内容层才会打开。当指向其中一个栏目时，第二个内容层才会逐渐展开，给用户呈现一个非常清晰明了的内容导航。使用抽屉式导航来组织复杂内容是一种非常方便和流行的方式。通常，复杂的网站会使用抽屉式导航设计。

4. 固定式侧边栏导航

固定式侧边栏导航可以兼容不同的屏幕尺寸，适合非常明亮、干净的排版布局的网站，可与用户进行很好的交互，且空间够大，侧边栏导航产生的空白让网站首页留有余地，通过独特的设计，引起用户的注意。

5. 隐藏式侧边栏导航

隐藏式侧边栏导航给人的感觉就像是你在窥视页面背后或者是掀开了一个玩具盒的盖子看看里面到底有些什么，你需要的时候它一直在那里，而当你想要专注于某个特定的任务时，它就会隐藏起来。隐藏式侧边栏导航将导航隐藏起来的同时也实现了界面的简洁，使网站的浏览体验更好，方便使用，鼠标指针悬停在浏览器左侧即可出现，主体部分即时出现的效果也很动感，可以很好地吸引用户的注意。

6. 图标式导航

图标式导航的好处是节省空间，让界面更简洁。图标也可用于细致的分类，提供更明显的视觉线索，而且图标具有直观的语义显示，每一个图标代表不同的事件，吸引用户的注意，从而更好地引导用户操作。如果再加上优秀的动态效果转换，则能够更吸引用户注意，让用户迅速找到导航菜单。

7. 选项卡导航

选项卡导航可以随意设计成任何你想要的样式，从逼真的、有手感的标签到圆滑的标签等。它存在于各种各样的网站里，并且可以纳入任何视觉效果。选项卡导航比起其他类别的导航有一个明显的优势，就是它们对用户有着积极的心理效应。

8. 响应式导航

响应式导航遵循了响应式 Web 设计理念，页面的设计往往会根据用户行为及设备环境（系统平台、屏幕尺寸、屏幕定向等）进行相应的调整。通过同比例缩减元素尺寸、调整页面结构布局及内容的优化调整等方式，使用户在不同的平台上有着独一无二的用户体验，达到更好的阅读效果。响应式导航的优势是在不同的屏幕分辨率下保持相同的视觉和感觉效果。

六、JavaScript 脚本基础

1. JavaScript 的概念

JavaScript 是一种基于对象和事件驱动并具有安全性能的脚本语言。使用它的目的是与 HTML 超文本标记语言、Java 脚本语言（Java 小程序）一起实现在一个 Web 页面中链接多个对象、与 Web 用户交互的目的，从而可以开发客户端的应用程序等。它是通过嵌入或调入在标准的 HTML 语言中实现的，具有简单性、安全性、动态性、跨平台性等特点。

JavaScript 是一种直译式脚本语言，是一种动态类型、弱类型、基于原型的语言，内置支持类型。它的解释器被称为 JavaScript 引擎，为浏览器的一部分，广泛用于客户端的脚本语言。它应用在 HTML 网页上，可以给 HTML 网页增加动态功能。

2. JavaScript 的基本数据结构

JavaScript 脚本语言的编程与 C++ 非常相似，它只是去掉了 C 语言中有关指针等容易产生错误的内容，并提供了功能强大的类库。对于已经具备 C++ 或 C 语言基础的人来说，学习 JavaScript 脚本语言是一件非常轻松的事。

JavaScript 脚本包括在 HTML 中，它成为 HTML 文档的一部分，可以使用如下方法直接将 JavaScript 脚本加入文档：

```
<Script Language ="JavaScript">
        JavaScript 语言代码；
        …
</Script>
```

（1）基本数据类型　JavaScript 中的四种基本数据类型是数值型（整数和实数）、字符串型（用双引号或单引号括起来的字符或数值）、布尔型（用 True 或 False 表示）和空值。在 JavaScript 的基本类型中，数据可以是常量，也可以是变量。由于 JavaScript 采用弱类型的形式，因而一个数据的变量或常量不必首先声明，在使用或赋值时确定其数据的类型即可。当然也可以先声明该数据的类型，可通过赋值自动说明其数据类型。

（2）常量

整型常量：JavaScript 的常量通常又称字面常量，是不能改变的数据。其整型常量可以使用十六进制数、八进制数和十进制数表示其值。

实型常量：实型常量是由整数部分加小数部分表示的，如 12.32、193.98。实型常量可以使用科学或标准方法表示，如 5E7、4E5 等。

布尔常量：布尔常量只有两种状态，即 True、False。它主要用来说明或代表一种状态、标志，以说明操作流程。

字符型常量：使用单引号或双引号括起来的一个或几个字符，如"This is a book""3245""ewrt234234"等。

空值：JavaScript 中有一个空值 null，表示什么也没有。例如，试图引用没有定义的变量，则返回一个 null 值。

（3）变量　变量的主要作用是存取数据，提供存放信息的容器。对于变量，必须明确变量的命名、变量的类型、变量的声明及变量的作用域。

JavaScript 变量可以在使用前先声明，并可赋值。通常使用 var 关键字对变量进行声明。对变量进行声明的最大好处就是能及时发现代码中的错误，因为 JavaScript 是动态编译的，而动态编译不易发现代码中的错误，特别是变量命名方面的错误。

变量的作用域是指变量的作用范围。在 JavaScript 中同样有全局变量和局部变量之分。全局变量定义在所有函数体之外，其作用范围是整个函数；而局部变量定义在函数体之内，只对该函数是可见的，而对其他函数则是不可见的。

3. 表达式和运算符

（1）表达式　在定义完变量后，就可以对它们进行赋值、计算等一系列操作，这一过程通常通过表达式来完成，可以说它是变量、常量、布尔值及运算符的集合，因此表达式可以分为算术表述式、字符串表达式、赋值表达式及布尔表达式等。

（2）运算符　运算符是完成操作的一系列符号，在 JavaScript 中有算术运算符，如 +、-、*、/、\、%（取模）等；有比较运算符，如 <、>、<=、>=、== 等；有字符串运算符，如 +、& 等。

4. JavaScript 程序的构成

JavaScript 程序是由控制语句、函数、对象、方法、属性等基本部分构成的。

（1）if 条件语句　基本格式如下：

```
if（表述式）
{语句段 1;}
else
{语句段 2;}
```

（2）for 循环语句　基本格式如下：

```
for（初始化 ; 条件 ; 增量）
{语句集 ;}
```

（3）函数　通常在进行一个复杂的程序设计时，设计人员总是根据所要完成的功能，将程序划分为一些相对独立的部分，每部分编写一个函数。这样使各部分充分独立，任务单一，程序清晰、易懂、易读、易维护。JavaScript 函数可以封装那些在程序中可能要多次用到的模块，并可作为事件驱动的结果而调用的程序。基本格式如下：

```
function 函数名（参数,变元）{
函数体；
return 表达式;}
```

（4）事件驱动及事件处理 JavaScript 是基于对象的语言，而基于对象的语言的基本特征就是采用事件驱动。它在图形界面的环境下，使得一切输入简单化。通常鼠标或热键的动作称为事件，而由鼠标或热键引发的一连串程序的动作称为事件驱动。对事件进行处理的程序或函数，称为事件处理程序。在 JavaScript 中对象事件的处理通常由函数完成。

JavaScript 事件驱动中的事件主要有单击事件（onClick）、改变事件（onChange）、选中事件（onSelect）、获得焦点事件（onFocus）、失去焦点事件（onBlur）、载入文件（onLoad）、卸载文件（onUnload）等。

5. 基于对象的 JavaScript 语言

JavaScript 语言是基于对象的，而不是面向对象的。之所以说它是一门基于对象的语言，主要是因为它没有提供像抽象、继承、重载等有关面向对象语言的许多功能，而是把其他语言所创建的复杂对象统一起来，从而形成一个非常强大的对象系统。

JavaScript 中的对象是由属性和方法两个基本的元素构成的。前者是对象在实施其所需要行为的过程中，实现信息的装载单位，从而与变量相关联；后者是指对象能够按照设计者的意图而被执行，从而与特定的函数相关联。

（1）有关对象操作语句

1）with 语句：使用该语句的意思是，在该语句体内，任何对变量的引用被认为是这个对象的属性，以节省一些代码。

2）this 语句：this 是对当前的引用，在 JavaScript 中由于对象的引用是多层次、多方位的，往往一个对象的引用又需要用到对另一个对象的引用，而另一个对象有可能又要引用到第三个对象，这样会造成混乱，最后自己也不知道现在引用的是哪一个对象，为此 JavaScript 提供了一个用于将对象指定为当前对象的 this 语句。

3）New 运算符：虽然在 JavaScript 中对象的功能已经非常强大了，但更强大的是，设计人员可以按照需求来创建自己的对象，以满足某一特定的要求。设计人员使用 New 运算符可以创建一个新的对象。

（2）对象属性的引用 对象属性的引用可由下列三种方式实现：

1）使用点运算符（.）引用，如 university.Name="广东省"。

2）通过对象的下标引用，如 university[0]="广东省"。

3）通过字符串的形式引用，如 university["Name"]="广东省"。

（3）对象方法的引用 在 JavaScript 中对象方法的引用是非常简单的，基本格式为"ObjectName.methods()"，如"document.write(university)"。

（4）常用对象的属性和方法　JavaScript 提供了一些非常有用的内部对象和方法，用户不需要用脚本来实现这些功能。这正是基于对象编程的真正目的。

JavaScript 提供了 string（字符串）、math（数值计算）、date（日期）三种对象和其他一些相关的方法，从而为编程人员快速开发强大的脚本程序提供了非常有利的条件。

1）string（字符串）对象。string 对象的属性只有一个，即 length，它表明了字符串中的字符个数，包括所有符号。string 对象的方法共有 19 个，主要用于有关字符串在 Web 页面中的显示、字体大小、字体颜色、字符的搜索以及字符的大小写转换。

有关字符显示的控制方法有 big()（字体显示）、italics()（斜体字显示）、bold()（粗体字显示）、blink()（字符闪烁显示）、small()（字符用小体字显示）、fixed()（固定高亮字显示）、fontsize(size)（控制字体大小）、fontcolor(color)（字体颜色显示）。

字符串大小写转换有：toLowerCase()（小写转换）、toUpperCase()（大写转换）。

字符搜索有：indexOf[charactor,fromIndex]。

2）算术函数的 math 对象。math 的主要方法有 abs()（绝对值）、sin()（正弦）和 cos()（余弦）、asin()（反正弦）和 acos()（反余弦）、tan()（正切）和 atan()（反正切）、round()（四舍五入）、sqrt()（平方根）等。

3）日期及时间对象。date 对象提供获取与设置日期和时间的方法：getYear()（返回年数）、getMonth()（返回当月号数）、getDate()（返回当日号数）、getDay()（返回星期几）、getHours()（返回小时数）、getMinutes()（返回分钟数）、getSeconds()（返回秒数）、getTime()（返回毫秒数）。

6. 使用内部对象

使用浏览器的内部对象系统，可与 HTML 文档进行交互。它的作用是将相关元素组织包装起来，提供给编程人员使用，从而减轻编程人员的劳动量，提高设计 Web 页面的效率。

（1）窗口（Window）对象　Window 对象处于对象层次的最顶端，它提供了处理 Navigator 窗口的方法和属性。Window 对象包括许多有用的属性、方法和事件驱动程序，编程人员可以利用这些对象控制浏览器窗口显示的各个方面，如对话框、框架等。Window 对象主要有装入 Web 文档时事件（onLoad）和卸载时事件（onUnload），用于文档载入及停止载入时开始更新和停止更新文档。Window 对象的方法主要用来提供信息或输入数据以及创建一个新的窗口。Window 对象的主要方法有：

open（"URL"，"窗口名字"，"窗口属性"）：可以创建一个新的窗口。其中参数表提供窗口的主要特性和文档及窗口的名称。

alert()：创建一个具有"OK"按钮的对话框。

confirm()：为编程人员提供一个具有两个按钮的对话框。

prompt()：允许用户在对话框中输入信息，并可使用默认值，其基本格式为 prompt（"提示信息"，默认值）。

write()、writeln()：主要用来实现在 Web 页面上显示输出信息。

close()：关闭文档。

clear()：清除文档内容。

print()：打印当前窗口的内容。

（2）位置（Location）对象　Location 对象提供了与当前打开的 URL 一起工作的方法和属性，它是一个静态的对象。其主要方法有：

assign()：加载新的文档。

reload()：重新加载当前文档。

replace()：用新的文档替换当前文档。

（3）历史（History）对象　History 对象提供了与历史清单有关的信息。其主要方法有：

back()：加载 history 列表中的前一个 URL。

forward()：加载 history 列表中的下一个 URL。

go()：加载 history 列表中的某个具体页面。

（4）文档（Document）对象　Document 对象包含了与文档元素（elements）一起工作的对象，它将这些元素封装起来供编程人员使用。Document 对象是 Window 对象的一部分，主要方法有：

close()：关闭用"document.open()"方法打开的输出流，并显示选定的数据。

getElementById()：返回对拥有指定 id 的第一个对象的引用。

getElementsByName()：返回带有指定名称的对象集合。

getElementsByTagName()：返回带有指定标签名的对象集合。

open()：打开一个流，以收集来自"document.write()"或"document.writeln()"方法的输出。

write()：向文档写 HTML 表达式或 JavaScript 代码。

writeln()：等同于 write() 方法，不同的是在每个表达式之后写一个换行符。

> **提 示**　更多脚本的详细内容请参考由 W3School 提供的教程（http://www.w3school.com.cn/b.asp）。

能力拓展

一、使用图像交换技术制作配件销售页面

任务要求

扫码观看使用图像交换技术
制作配件销售页面微课

利用图像交换技术制作配件销售页面。

最终效果

利用图像交换技术制作配件销售页面，最终效果如图 4-23 所示。

图 4-23　配件销售页面最终效果图

操作提示

❶ 新建"pjxs.html"文件，利用 DIV+CSS 布局页面，插入大图和小图，效果如图 4-23 所示。

❷ 选择大图，添加大图 <img> 的 id 属性，如"changpic"，见表 4-39。

表 4-39　大图源代码

1	<div id="bigpic">
2	<img id="changpic" src="../UploadFiles/202001001.jpg" width="400" height="300" alt=" "/>
3	</div>

❸ 选择小图，在右边找到"行为"面板，单击"+"按钮，添加"交换图像"行为，弹出的对话框如图 4-24 所示。

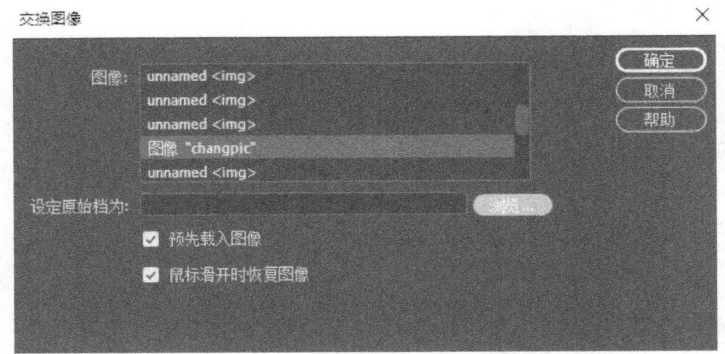

图 4-24　"交换图像"对话框

❹ 图像中显示的是当前图像"changpic"，单击"浏览"按钮，选择交换当前小图的大图，然后单击"确定"按钮。

❺ 用同样的方法给其他七张图片添加"交换图像"的行为。

二、制作配件销售页面选项卡面板效果

扫码观看制作配件销售页面
选项卡面板效果微课

任务要求

利用 jQuery 技术制作配件销售页面选项卡面板效果。

最终效果

利用 jQuery 技术制作配件销售页面选项卡面板效果，最终效果如图 4-25 所示。

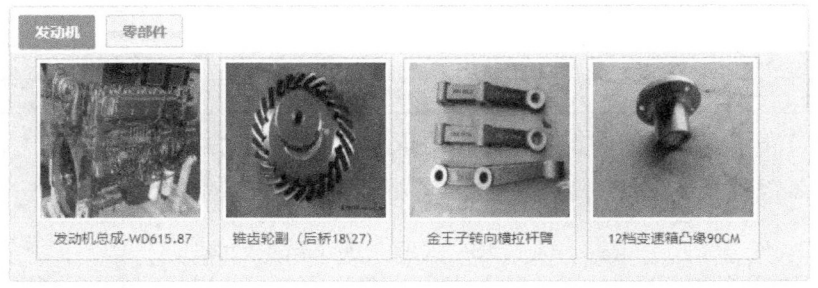

图 4-25　选项卡面板最终效果图

操作提示

❶ 打开配件销售页面"pjxs.html"文件，将其另存为 pjxs_d.html。将光标定位于小图列表 <ul> 之前，切换"插入"面板至"jQuery UI"列表，如图 4-26 所示，单击"Tabs"选项，生成如图 4-27 所示的选项卡面板效果。

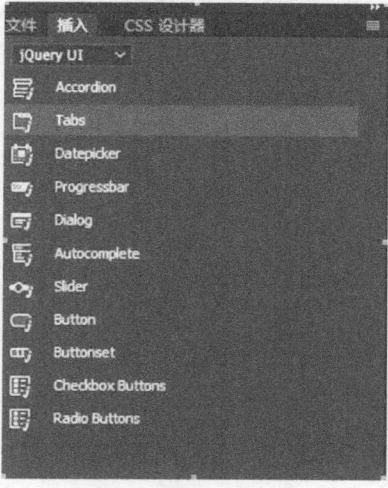

图 4-26 "jQuery UI"面板

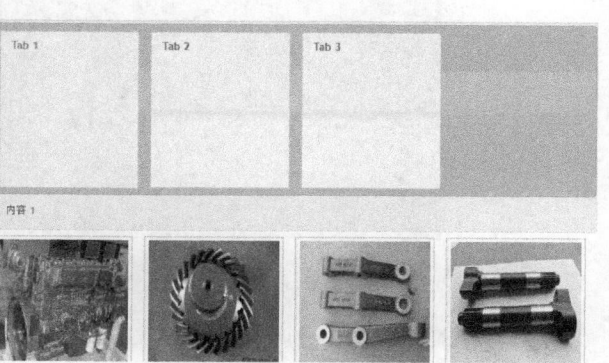

图 4-27 选项卡面板效果图

❷ 切换至代码视图，根据需要增删"Tab"选项，删除"Tab 3"及对应的"内容 3"代码块，保留代码见表 4-40。

表 4-40 "Tab"选项卡面板代码

1	\<div id="Tabs1"\>
2	\<ul\>
3	\<li\>\<a href="#tabs-1"\>Tab 1\</a\>\</li\>
4	\<li\>\<a href="#tabs-2"\>Tab 2\</a\>\</li\>
5	\</ul\>
6	\<div id="tabs-1"\>
7	\<p\> 内容 1\</p\>
8	\</div\>
9	\<div id="tabs-2"\>
10	\<p\> 内容 2\</p\>
11	\</div\>\</div\>
12	\<ul\>

❸ 将"Tab1""Tab2"修改为对应的选项内容"发动机""零部件"，并分别用发动机类和零部件类的图片列表替换"内容 1""内容 2"对应代码，见表 4-41。

表 4-41 更改"Tab"选项卡面板代码

1	\<div id="Tabs1"\>
2	\<ul id="head"\>
3	\<li\>\<a href="#tabs-1"\> 发动机 \</a\>\</li\>
4	\<li\>\<a href="#tabs-2"\> 零部件 \</a\>\</li\>
5	\</ul\>
6	\<div id="tabs-1"\>
7	\<ul\>
8	\<li\>\<a href="#"\>\<img src="../UploadFiles/202001001.jpg" width="160" height="160" /\>\<br /\> 发动机 总成 -WD615.87\</a\> \</li\>
9	……

（续）

10	</ul>
11	</div>
12	<div id="tabs-2">
13	<ul>
14	<li><a href="#"><img src="../UploadFiles/202001003.jpg" width="150" height="150" />
 金王子转向横拉杆臂 </a></li>
15	……
16	</ul>
17	</div></div>
18	<ul>

❹ 切换至 "CSS 设计器"，找到选项卡生成的样式文件（共三个），如图 4-28 所示。切换至 jquery.ui.theme.min.css 文件，选中 ".ui-widget-header"，去除其背景图像，如图 4-29 所示，并更改背景色为 #ffffff。另外，去掉 ".ui-widget-header" 样式的边框线，设置 border 为 0px，如图 4-30 所示。

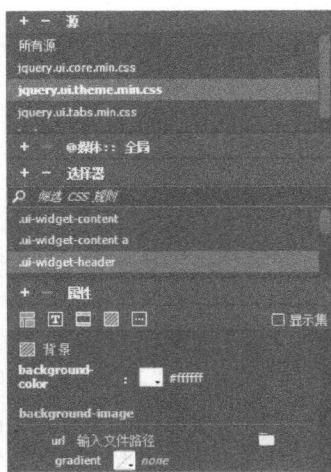
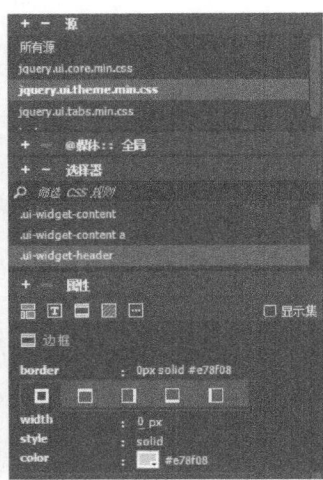

图 4-28　选中 ".ui-widget-header" 样式　　图 4-29　更改背景色　　图 4-30　去掉边框样式

❺ 根据图 4-25，按照步骤 4 的方法更改其他样式，也可根据需要自行添加样式，见表 4-42。

表 4-42　创建 "Tab" 选项卡面板样式

1	#Tabs1 #head li{
2	width:70px; height: 30px; font-size: 14px; line-height: 30px;
	}
3	#Tabs1 #head li a:hover,#Tabs1 #head li a:focus {
4	background-color: #3ca8c6; color:#ffffff;
5	}
6	#tabs-1,#tabs-2{
7	background-color:#f0f0f0; height: 220px;
	}
	#Tabs1 ul li{margin: 5px; width: 160px; padding: 0px; }

项目五

网站二级页面制作

网站首页是企业网站的门面，是对企业网站内容的概述。网站的二级页面是企业网站的具体内容，用户通过导航栏的链接能方便快捷地到达任何一个他需要的内容页面。二级页面往往采用稳定的布局，不同的二级页面经常采用相同的布局，只是各页面内容不同，因此，二级页面多数使用模板的方法来设计和制作。

任务目标

◎ 熟悉层叠样式表 CSS 的类型及应用

◎ 掌握模板的使用方法

◎ 利用模板创建网页

◎ 掌握表单控件的使用方法

◎ 了解表单的交互作用

◎ 了解 IFRAME 框架技术

任务 1　制作网站主模板

任务要求

利用项目 4 完成的首页文件"index.html"制作网站主模板。

最终效果

网站模板代码如图 5-1 所示。

```
<!DOCTYPE html>
<html>
<head>
<meta http-equiv="Content-Type" content="text/html; charset=utf-8" />
<!-- TemplateBeginEditable name="doctitle" -->
<title>武汉恒欣达汽车销售有限公司-山东重型汽车, 重卡, 恒欣达, 湖北, 武汉</title>
<!-- TemplateEndEditable -->
<link rel="stylesheet" typ...
<!-- TemplateBeginEditable name="head" -->
<!-- TemplateEndEditable -->
</head>
<body>
<div id="main">
  <div id="top"> <div id="to...
  <div id="menu"> <ul> <li c...
  <!-- TemplateBeginEditable name="a1" -->

  <!-- TemplateEndEditable --></div>
<div id="foot"> <div id="f...
</body>
</html>
```

图 5-1　网站模板代码

操作提示

❶ 分析整个网站页面，发现首页与其他二级页面有一些完全一致的部分，主要是 top、menu、foot 这三个部分，另两个部分（banner 和 link）是不一致的，可以设计为"可编辑区域"。

❷ 在"index.html"文件中选择"div#banner"和"div#link"，然后选择"插入"→"模板"→"可编辑区域"命令，如图 5-2 所示。

❸ 如果弹出如图 5-3 所示的提示对话框，勾选"不再显示此信息"复选框，并单击"确定"按钮。

❹ 在如图 5-4 所示的对话框中修改可编辑区域的名称，如"a1"。

❺ 选择"文件"→"另存为模板"命令，名称为"main"，单击"保存"按钮并更新链接。此时，站点文件夹里多出一个"Templates"文件夹，该文件夹里有一个名为"main.dwt"的模板文件。

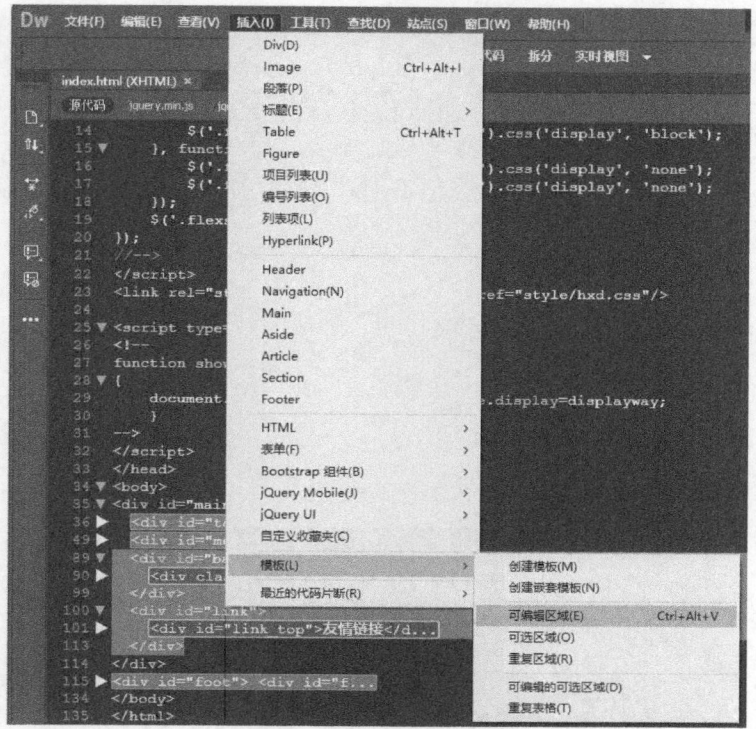

图 5-2 插入"可编辑区域"

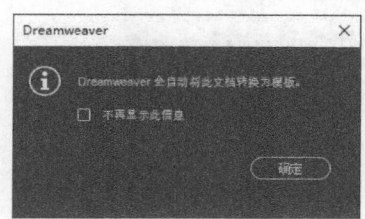

图 5-3 提示对话框

图 5-4 "新建可编辑区域"对话框

❻ 对模板文件进行一些修改。观察如图 5-5 所示代码,这里的 JS 代码用于设计首页图片轮播广告,与其他页面无关,因此需要将这部分代码移动到可编辑区域里。

```
<script src="../style/jquery.min.js" type="text/javascript"></script>
<script src="../style/jquery.flexslider.min.js"
type="text/javascript"></script>
<script type="text/javascript">
<!-
var runtimes = 0;
$(document).ready(function() {
    $('.flexslider').hover(function() {
        $('.flex-direction-nav li a.prev').css('display', 'block');
        $('.flex-direction-nav li a.next').css('display', 'block');
    }, function() {
        $('.flex-direction-nav li a.prev').css('display', 'none');
        $('.flex-direction-nav li a.next').css('display', 'none');
    });
    $('.flexslider').flexslider();
});
//-->
</script>
```

图 5-5 分析可编辑区域的代码一

❼ 事实上，网页标题"title"就是允许编辑的，如图 5-6 所示。只需要将前面提到的 JS 部分代码移动到这个"title"的下方即可。

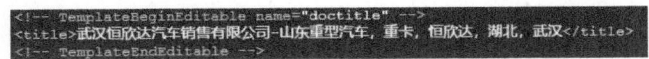

图 5-6 分析可编辑区域的代码二

❽ 移动后的代码如图 5-7 所示。

```
<!-- TemplateBeginEditable name="doctitle" -->
<title>武汉恒欣达汽车销售有限公司-山东重型汽车, 重卡, 恒欣达, 湖北, 武汉</title>
<script src="../style/jquery.min.js" type="text/javascript"></script>
<script src="../style/jquery.flexslider.min.js"
type="text/javascript"></script>
<script type="text/javascript">
<!--
var runtimes = 0;
$(document).ready(function() {
    $('.flexslider').hover(function() {
        $('.flex-direction-nav li a.prev').css('display', 'block');
        $('.flex-direction-nav li a.next').css('display', 'block');
    }, function() {
        $('.flex-direction-nav li a.prev').css('display', 'none');
        $('.flex-direction-nav li a.next').css('display', 'none');
    });
    $('.flexslider').flexslider();
});

</script>
<!-- TemplateEndEditable -->
```

图 5-7 调整可编辑区域的代码

❾ 下面用刚刚设计的"main.dwt"模板来创建首页，覆盖前面已经制作的首页文件。选择"文件"→"新建"命令，在弹出的如图 5-8 所示的对话框中单击"网站模板"选项，找到自己的站点，并选择模板"main"，然后单击"创建"按钮。

图 5-8 利用模板创建网页

⑩ 将使用模板创建的网页保存到根目录，名称为"index.html"，在弹出的提示对话框里单击"是"按钮，如图5-9所示。

⑪ 使用"main"模板创建首页文件后，模板文件中可编辑区域的内容就可以删除了。主要删除两个部分：一是前面提到的如图5-7所示的JS部分代码，删除后的效果如图5-6所示；二是可编辑区域"a1"中的代码，删除后的效果如图5-10所示。

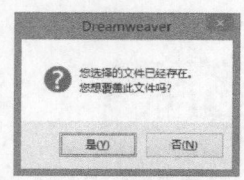
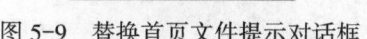

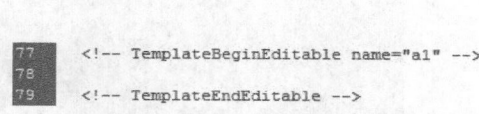

图5-9 替换首页文件提示对话框   图5-10 清空可编辑区域的内容

⑫ 这两个部分内容的删除不会影响首页文件。保存模板，在弹出的如图5-11所示的对话框中单击"更新"按钮。

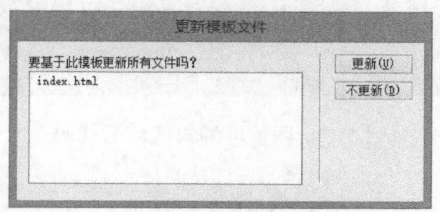

图5-11 "更新模板文件"对话框

⑬ 打开"index.html"文件，设置首页文件的标题为"武汉恒欣达汽车销售有限公司—山东重型汽车，重卡，恒欣达，湖北，武汉"。

任务2 制作产品中心页面

扫码观看制作产品   扫码观看制作产品   扫码观看制作产品
中心页面微课–1   中心页面微课–2   中心页面微课–3

任务要求

利用本项目中任务1制作的主模板"main.dwt"制作产品中心页面。

最终效果

产品中心的最终效果如图5-12所示。

图 5-12　产品中心的最终效果图

操作提示

❶ 分析整个企业网站，"公司简介""联系方式""客户咨询"和"公司招聘"可以使用"main.dwt"模板创建，而"新闻动态""整车销售"和"配件销售"由于效果基本一致，需要使用统一的二级模板。在制作二级模板之前，先设计一张产品中心网页，再利用这张网页来制作二级模板。

❷ 使用"main.dwt"模板文件创建一个二级页面"product.html"。选择"文件"→"新建"命令，选择"main.dwt"模板，创建后保存为"product"文件夹中的"product.html"文件。

❸ 对二级页面进行布局。在 CSS 文件中编写三个自定义 id，"#con"表示整体宽度，

"#left_con"表示左边，"#right_con"表示右边，代码见表 5-1。

表 5-1　整体布局 CSS 代码

1	/* 二级页面布局 */	7	}
2	#con{}	8	#right_con{
3	#left_con{	9	width:750px;
4	width:230px;	10	float:right;
5	float:left;	11	margin:5px;
6	margin:5px;	12	}

❹ 在"product.html"文件中插入对应的 DIV。首先插入"con"，并在"con"中插入"left_con"和"right_con"，然后插入一个"clear"，代码见表 5-2。

表 5-2　整体布局 HTML 代码

1	<!--InstanceBeginEditablename="a1"-->
2	<div id="con">
3	<div id="left_con">...</div>
4	<div id="right_con">...</div>
5	</div>
6	<div class="clear"></div>
7	<!--InstanceEndEditable-->

❺ 左侧分为上下两部分。上部由三张图片做边框效果，下部由一张图片做成背景。CSS 代码见表 5-3。

表 5-3　左侧 CSS 代码

1	/* 二级页面左侧布局 */	14	padding:6px;
2	#nav{}	15	}
3	#nav_title{	16	#nav_bottom{
4	background:url(../images/list_title.png);	17	background:url(../images/list_bottom.png);
5	height:37px;	18	height:9px;
6	line-height:35px;	19	}
7	padding-left:12px;	20	#marquee{
8	font-weight:bold;	21	background:url(../images/marqueebg.gif);
9	color:#126f83;	22	height:340px;
10	font-size:14px;	23	margin-top:5px;
11	}	24	padding-top:10px;
12	#nav_con{	25	}
13	background:url(../images/list_bg.png) repeat-y;	26	

⑥ 在"product.html"文件中插入 DIV 后的代码，见表 5-4。

表 5-4　左侧 HTML 代码

1	<div id="left_con">	5	<div id="nav_bottom"></div>
2	<div id="nav">	6	</div>
3	<div id="nav_title"> 整车销售 </div>	7	<div id="marquee">...</div>
4	<div id="nav_con">...</div>	8	</div>

⑦ 左侧布局效果如图 5-13 所示。

图 5-13　左侧布局效果图

⑧ 在"div#nav_con"中输入整车销售的下拉列表内容，并设置为列表，然后添加空链接。设置后的代码见表 5-5。

表 5-5　添加列表项代码

1	<div id="nav_con">
2	<ul>
3	<li><a href="#"> 豪卡系列 </a></li>
4	<li><a href="#"> 豪威系列 </a></li>
5	<li><a href="#"> 豪运系列 </a></li>
6	<li><a href="#"> 豪沃 7 系列 </a></li>
7	<li><a href="#"> 豪沃 8 系列 </a></li>
8	<li><a href="#"> 金王子系列 </a></li>
9	<li><a href="#"> 斯太尔王系列 </a></li>
10	<li><a href="#"> 黄河少帅 </a></li>
11	<li><a href="#"> 斯太尔系列 </a></li>
12	<li><a href="#"> 华威专用汽车 </a></li>
13	</ul>
14	</div>

❾ 设计列表项的显示效果。列表项宽度为"218px"，高度为"27px"，设置行高为"27px"，使列表中的文字在垂直方向居中。字体为"14px"，比正文字体略大。列表项链接添加"display:block"，使得链接范围占据整个列表的宽高。链接的光标指向状态使用不同的背景图片，CSS 代码见表 5-6。

表 5-6　左侧列表 CSS 代码

1	/* 二级页面左侧列表效果 */	12	padding-left:40px;
2	#nav_con li{	13	}
3	width:218px;	14	#nav_con li a:hover{
4	height:27px;	15	background:url(../images/navhover.jpg);
5	line-height:27px;	16	display:block;
6	font-size:14px;	17	color:#f00;
7	}	18	text-decoration:none;
8	#nav_con li a{	19	border:0px;
9	background:url(../images/navlink.jpg);	20	font-weight:bold;
10	display:block;	21	}
11	color:#009;	22	

❿ 设计后的效果如图 5-14 所示。

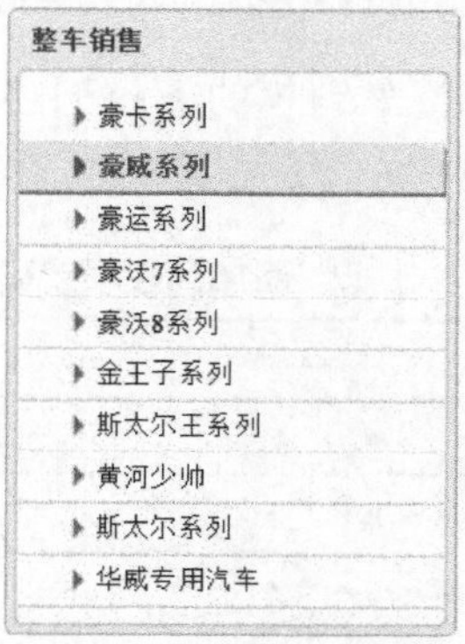

图 5-14　左侧子导航效果图

⓫ 左下部分是一个自下而上的无缝滚动效果，需要使用脚本技术，CSS 代码见表 5-7。

表 5-7　左侧滚动 CSS 代码

1	/* 二级页面左侧滚动效果 */	7	text-align:center;
2	#demo{	8	background-color:#FFF;
3	width:210px;	9	}
4	height:330px;	10	#marquePic1{}
5	overflow:hidden;	11	#marquePic2{}
6	margin:0px auto;	12	.marqueCon{text-align:center;}

⑫ 在"div#marquee"中插入 DIV，其中"marqueCon"插入 10 次，准备存放滚动的 10 张图片。代码见表 5-8。

表 5-8　左侧滚动图片 HTML 代码

1	<div id="marquee">
2	<div id="demo">
3	<div id="marquePic1">
4	<div class="marqueCon"></div>
5	<div class="marqueCon"></div>
6	<div class="marqueCon"></div>
7	<div class="marqueCon"></div>
8	<div class="marqueCon"></div>
9	<div class="marqueCon"></div>
10	<div class="marqueCon"></div>
11	<div class="marqueCon"></div>
12	<div class="marqueCon"></div>
13	<div class="marqueCon"></div>
14	</div>
15	<div id="marquePic2"></div>
16	</div>
17	</div>

⑬ 在第一个"div.marqueCon"中插入图片，换行后输入对应的文字，然后给图片和文字加上空链接，代码见表 5-9。

表 5-9　添加滚动的图片

1	<div class="marqueCon">
2	<a href="#">
3	<img src="../UploadFiles/p1.jpg" width="160" height="160">
4	 SGZ9403 型半挂车
5	</a>
6	</div>

⑭ 用相同的方法添加其他九张图片。把"div#demo"的代码折叠起来，在下一行添加脚本，JS 代码见表 5-10。

表 5-10 添加滚动的脚本

1	<div id="marquee">
2	<div id="demo">
3	……
4	</div>
5	<script type="text/javascript">
6	Var speed=50
7	marquePic2.innerHTML=marquePic1.innerHTML
8	Function Marquee1(){
9	if(demo.scrollTop>=marquePic1.scrollHeight){
10	demo.scrollTop=0
11	}else{
12	demo.scrollTop++
13	}
14	}
15	Var MyMar=setInterval(Marquee1,speed)
16	demo.onmouseover=function(){clearInterval(MyMar)}
17	demo.onmouseout=function(){MyMar=setInterval(Marquee1,speed)
18	}
19	</script>
20	</div>

⑮ 左侧图片滚动效果如图 5-15 所示。

左侧图片滚动
效果

图 5-15 左侧图片滚动效果

⑯ 设计右侧产品列表部分。右侧产品列表从上到下分三个部分，第一部分是当前位置指引，第二部分是产品展示，第三部分是分页。CSS 代码见表 5-11。

表 5-11　右侧布局 CSS 代码

1	/* 二级页面右侧布局 */	10	#page{
2	#onionskin{	11	background:url(../images/pagebg.gif);
3	background:url(../images/warey.jpg);	12	height:27px;
4	height:40px;	13	line-height:27px;
5	line-height:40px;	14	text-align:right;
6	padding-left:180px;	15	padding-right:10px;
7	font-size:14px;	16	}
8	}	17	
9	#view{margin:10px 0px;}	18	

⑰ 在 "product.html" 中定位 "div#right_con"，插入以上三个自定义 id，并填写第一部分和第三部分的文字。在 "view" 与 "page" 之间插入一个 "clear"，原因是 "view" 里的列表需要有浮动效果。代码见表 5-12。

表 5-12　右侧插入 DIV 代码

1	<div id="right_con">
2	<div id="onionskin"><a href="#"> 首页 </a>>><a href="#"> 整车销售 </a></div>
3	<div id="view">...</div>
4	<div class="clear"></div>
5	<div id="page">
6	60 条记录 共 3 页
7	最前页 1 <a href="#">2</a> <a href="#">3</a>
8	<a href="#"> 下一页 </a> <a href="#"> 最后页 </a>
9	</div>
10	</div>

⑱ 产品展示部分使用列表完成。先将第一页的 20 件产品图片添加到 "div#view" 中，宽度和高度设置为 "160"，并设计为列表，然后给各图片加上空链接。HTML 代码见表 5-13。

表 5-13　添加产品图片的 HTML 代码

1	<div id="view">
2	<ul>
3	<li><a href="#"><img height="160" src="../UploadFiles/p1.jpg" width="160"/></a></li>
4	<li><a href="#"><img height="160" src="../UploadFiles/p2.jpg" width="160"/></a></li>
5	<li><a href="#"><img height="160" src="../UploadFiles/p3.jpg" width="160"/></a></li>
6	<li><a href="#"><img height="160" src="../UploadFiles/p4.jpg" width="160"/></a></li>
7	<li><a href="#"><img height="160" src="../UploadFiles/p5.jpg" width="160"/></a></li>
8	<li><a href="#"><img height="160" src="../UploadFiles/p6.jpg" width="160"/></a></li>
9	<li><a href="#"><img height="160" src="../UploadFiles/p7.jpg" width="160"/></a></li>

（续）

10	`<li><a href="#"><img height="160" src="../UploadFiles/p8.jpg" width="160"/></a></li>`
11	`<li><a href="#"><img height="160" src="../UploadFiles/p9.jpg" width="160"/></a></li>`
12	`<li><a href="#"><img height="160" src="../UploadFiles/p10.jpg" width="160"/></a></li>`
13	`<li><a href="#"><img height="160" src="../UploadFiles/p11.jpg" width="160"/></a></li>`
14	`<li><a href="#"><img height="160" src="../UploadFiles/p12.jpg" width="160"/></a></li>`
15	`<li><a href="#"><img height="160" src="../UploadFiles/p13.jpg" width="160"/></a></li>`
16	`<li><a href="#"><img height="160" src="../UploadFiles/p14.jpg" width="160"/></a></li>`
17	`<li><a href="#"><img height="160" src="../UploadFiles/p15.jpg" width="160"/></a></li>`
18	`<li><a href="#"><img height="160" src="../UploadFiles/p16.jpg" width="160"/></a></li>`
19	`<li><a href="#"><img height="160" src="../UploadFiles/p17.jpg" width="160"/></a></li>`
20	`<li><a href="#"><img height="160" src="../UploadFiles/p18.jpg" width="160"/></a></li>`
21	`<li><a href="#"><img height="160" src="../UploadFiles/p19.jpg" width="160"/></a></li>`
22	`<li><a href="#"><img height="160" src="../UploadFiles/p20.jpg" width="160"/></a></li>`
23	`</ul>`
24	`</div>`

⑲ 在 CSS 文件中编写代码，设计产品列表的效果，具体代码见表 5-14。

表 5-14　设计产品列表效果的 CSS 代码

1	/* 二级页面右侧产品展示 */	10	text-align:center;
2	#view li{	11	}
3	float:left;	12	#view li img{
4	width:169px;	13	border:#CCC solid 0px;
5	height:194px;	14	background-color:#FFF;
6	border:#CCC solid 1px;	15	padding:3px;
7	background-color:#f2f2f2;	16	margin-top:1px;
8	margin:7px;	17	}
9	line-height:22px;	18	

⑳ 将 "product.html" 文件切换到设计视图，在每张产品图片右方换行，即按〈Ctrl+Enter〉组合键，并输入对应的产品名称。其中一个产品的代码见表 5-15。

表 5-15　给产品添加对应名称

1	`<li>`
2	`<a href="#">`
3	`<img height="160" src="../UploadFiles/p1.jpg" width="160"/>`
4	` SGZ9403 型半挂车`
5	`</a>`
6	`</li>`

㉑ 产品布局效果如图 5-16 所示。

SGZ9403型半挂车

SGZ9403GFL型粉粒物料...

SGZ9405CXY型仓栅式运输...

SGZ9402TJZ型集装箱运输...

HOWO-8 6x4 水泥搅拌车

斯太尔6x4 自卸车

斯太尔8x4 自卸车

斯太尔4x2 自卸车

图 5-16　产品布局效果图

㉒ 设计分页部分的效果。把分页文字按功能设置为列表形式，并根据实际情况添加链接。具体代码见表 5-16。

表 5-16　添加分页功能区代码

1	<div id="page">	7	<li><a href="#">2</a></li>
2	<ul>	8	<li><a href="#">3</a></li>
3	<li>60 条记录 </li>	9	<li><a href="#"> 下一页 </a></li>
4	<li> 共 3 页 </li>	10	<li><a href="#" > 最后页 </a></li>
5	<li> 最前页 </li>	11	</ul>
6	<li>1</li>	12	</div>

㉓ 编写 CSS 语句，实现分页功能区的效果，CSS 代码见表 5-17。

表 5-17　分页功能区 CSS 代码

1	/* 分页效果 */	9	padding:2px 4px;
2	.blue{color:#00F;}	10	border:#CCC solid 1px;
3	#page ul{float:right;width:340px;}	11	background-color:#FFF;
4	#page li{	12	}
5	margin-left:4px;	13	#page a:hover{
6	float:left;	14	color:#FFF;
7	}	15	background-color:#999;
8	#page a{	16	border:#fff solid 1px;

（续）

17	text-decoration:none;	21	font-size:14px;
18	}	22	font-weight:bold;
19	.cur{	23	}
20	color:#F00;	24	

㉔ 其中，自定义类"blue"用于突出显示总记录数和总页数，自定义类"cur"用于突出显示当前页。因此，在"product.html"的设计视图下，选择"60条记录"中的"60"，在"属性"面板"类"选项中选择"blue"；选择"共3页"中的"3"，在"属性"面板"类"选项中选择"blue"；然后选择当前页"1"，在"属性"面板"类"选项中选择"cur"。

㉕ 分页功能区效果如图 5-17 所示。

㉖ 使用以下任意 CSS 语句可以给列表中的产品添加鼠标指向效果，CSS 代码见表 5-18。

60条记录 共3页 最前页 1 2 3 下一页 最后页

图 5-17 分页功能区效果图

表 5-18 添加鼠标指向效果的 CSS 代码

1	/* 阴影效果 */	10	/* 平移效果 */
2	#view li:hover{	11	#view li:hover{
3	−webkit−box−shadow: 2px 2px 2px #999;	12	transform: translate(5px,5px);
4	box−shadow: 2px 2px 2px #999;	13	}
5	}	14	
6	/* 缩放效果 */	15	
7	#view li:hover{	16	
8	transform: scale(1.05,1.05);	17	
9	}	18	

任务 3 制作二级页面模板

扫码观看制作二级页面模板微课

任务要求

利用本项目中任务 2 的产品中心页面"product.html"制作二级模板"pages.dwt"。

最终效果

二级模板的最终效果如图 5-18 所示。

图 5-18　二级模板的最终效果图

操作提示

❶ 打开"product.html"文件，在左侧选择"整车销售"选项，选择"插入"→"模板对象"→"可编辑区域"命令，将其插入可编辑区域，命名为"b1"。

❷ 在左侧"整车销售"下方的列表处选择"ul"，将其插入可编辑区域，命名为"b2"。

❸ 在左侧滚动效果处选择"div#demo"，将其插入可编辑区域，命名为"b3"。

❹ 在右侧"您所在位置"处选择"div#onionskin"，将其插入可编辑区域，命名为"b4"。

❺ 在右侧产品列表处选择"div#view"，将其插入可编辑区域，命名为"b5"。

❻ 在右侧分页功能处选择"ul"，将其插入可编辑区域，命名为"b6"。

❼ 选择"文件"→"另存为模板"命令，将其命名为"pages"，并确认更新链接。

❽ 此时，在模板文件夹中多出一个"pages.dwt"的模板文件。

❾ 用此模板文件重建产品中心网页"product.html"。选择"文件"→"新建"命令，

找到"pages"模板文件，单击"创建"按钮，将创建的文件保存到"product"文件夹里，命名为"product.html"，确认覆盖。

⑩ 修改"product.html"网页文件的标题为"武汉恒欣达汽车销售有限公司—整车销售"。

⑪ 整车销售共分为三页，后面两页的制作方法与第1页类似。首先使用"pages"模板创建两个页面，分别保存为"product2.html"和"product3.html"，然后修改展示的产品图片和产品名称，并修改分页功能区相应的部分。最后修改这两个网页的标题为"武汉恒欣达汽车销售有限公司—整车销售"，分别如图5-19和图5-20所示。

图5-19　整车销售第2页

图 5-20　整车销售第 3 页

⑫ 根据实际情况分别设置三张产品中心页面分页功能区的链接，效果如图 5-21 所示。

60条记录 共3页 最前页 1 2 3 下一页 最后页

60条记录 共3页 最前页 上一页 1 2 3 下一页 最后页

60条记录 共3页 最前页 上一页 1 2 3 最后页

图 5-21　整车销售三张页面分页功能区对比图

任务4　制作新闻动态栏目

扫码观看制作新
闻动态栏目微课

任务要求

利用二级模板"pages.dwt"制作新闻动态栏目。

最终效果

新闻动态栏目的最终效果如图5-22所示。

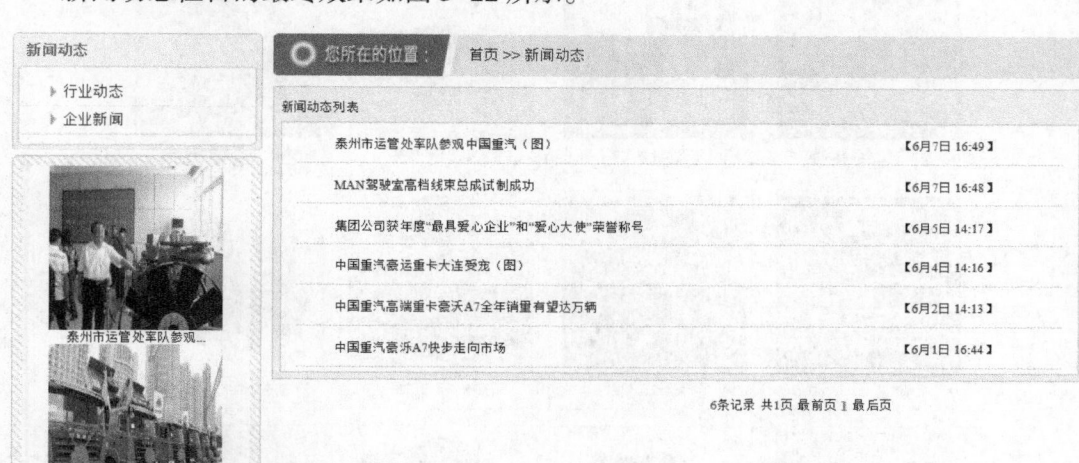

图5-22　新闻动态栏目的最终效果图

操作提示

❶ 新闻动态栏目的整体效果与产品中心类似，因此采用"pages"模板来创建。

❷ 选择"文件"→"新建"命令，选择"pages"模板，单击"创建"按钮，将创建的文件保存到"news"文件夹中，命名为"news.html"，修改网页标题为"武汉恒欣达汽车销售有限公司——新闻动态"。

❸ 修改可编辑区域"b1"和"b4"中文字为"新闻动态"。修改"b2"中的二级菜单为"行业动态""企业新闻"，将多余的"li"删除。

❹ 修改"b3"中的图片和名称为新闻相关图片和相应名称。图片地址及名称见表5-19。

表 5-19　新闻动态页面图片地址及名称

图片路径	名　称
../UploadFiles/n1.jpg	中国重汽豪运重卡大连受宠
../UploadFiles/n2.jpg	泰州市运管处率队参观中国重汽

⑤ 新闻列表与产品列表的效果不一样，因此在"news.html"文件中将"div#view"标签删除。此时可编辑区域"b5"里面是空的。

⑥ 新闻中心的内容可以使用自定义列表或无序列表设计，本书使用无序列表设计。每个列表项再分为左右两边，左边显示新闻标题，右边显示新闻发布时间。打开 CSS 文件，编写代码见表 5-20。

表 5-20　新闻展示 CSS 代码

1	/* 二级页面右侧新闻展示 */	13	padding-left:34px;
2	#view_news{	14	border-bottom:#CCC dashed 1px;
3	margin:10px 0px;	15	}
4	overflow:hidden;	16	.news_left{
5	}	17	float:left;
6	#view_news li{	18	width:500px;
7	background:url(../images/ahr.gif) no-repeat 10px center;	19	}
8	height:34px;	20	.news_right{
9	line-height:34px;	21	float:right;
10	width:670px;	22	width:150px;
11	margin:4px auto;	23	}
12		24	

⑦ 在可编辑区域"b5"中插入"div#view_news"，然后在其中输入第一条新闻的标题，把该标题设置为列表。选择该标题文字，插入"div.news_left"，再在其右边插入"div.news_right"，在里面输入第一条新闻的发布时间。此时，"news.html"文件中的代码见表 5-21。

表 5-21　修改可编辑区域的内容

1	<!—InstanceBeginEditable name="b5"-->
2	<div id="view_news">
3	<ul>
4	<li>
5	<div class="news_left">泰州市运管处率队参观中国重汽（图）</div>

（续）

6	<div class="news_right">【6 月 7 日 16:49】</div>
7	</li>
8	</ul>
9	</div>
10	<!--InstanceEndEditable-->

❽ 在设计视图中，将光标定位在发布日期的右边，按 <Enter> 键，会自动换行显示下一个，输入发布日期，完成第二条新闻的输入。采用同样的方法添加更多的新闻，添加后的代码见表 5-22。

表 5-22　修改更多可编辑区域的内容

1	<ul>
2	<li>
3	<div class="news_left">泰州市运管处率队参观中国重汽（图）</div>
4	<div class="news_right">【6 月 7 日 16:49】</div>
5	</li>
6	<li>
7	<div class="news_left">MAN 驾驶室高档线束总成试制成功 </div>
8	<div class="news_right">【6 月 7 日 15:48】</div>
9	</li>
10	<li>
11	<div class="news_left"> 集团公司获年度"最具爱心企业 " 和 "爱心大使 " 荣誉称号 </div>
12	<div class="news_right">【6 月 5 日 14:17】</div>
13	</li>
14	<li>
15	<div class="news_left"> 中国重汽豪运重卡大连受宠（图）</div>
16	<div class="news_right">【6 月 4 日 14:16】</div>
17	</li>
18	<li>
19	<div class="news_left"> 中国重汽高端重卡豪沃 A7 全年销量有望达万辆 </div>
20	<div class="news_right">【6 月 2 日 14:13】</div>
21	</li>
22	<li>
23	<div class="news_left"> 中国重汽豪沃 A7 快步走向市场 </div>
24	<div class="news_right">【6 月 1 日 16:44】</div>
25	</li>
26	</ul>

⑨ 可编辑区域"b6"是分页功能区，效果与"accessory.html"文件的分页功能区几乎完全一致，制作方法也相同。

⑩ 也可以在新闻列表处添加一个外框效果，只需要修改"#view_news"的代码，并添加一条"#view_news ul"的代码即可。具体代码见表5-23。

表5-23 给新闻列表添加外框效果的CSS代码

1	#view_news{	7	line-height:26px;
2	margin:10px 0px;	8	}
3	overflow:hidden;	9	#view_news ul{
4	border:#CCC solid 1px;	10	border:#CCC solid 1px;
5	background-color:#f2f2f2;	11	background-color:#FFF;
6	padding:6px;	12	}

⑪ 在"news.html"的"div#view_news"中添加一行标题文字，设计效果如图5-23所示。

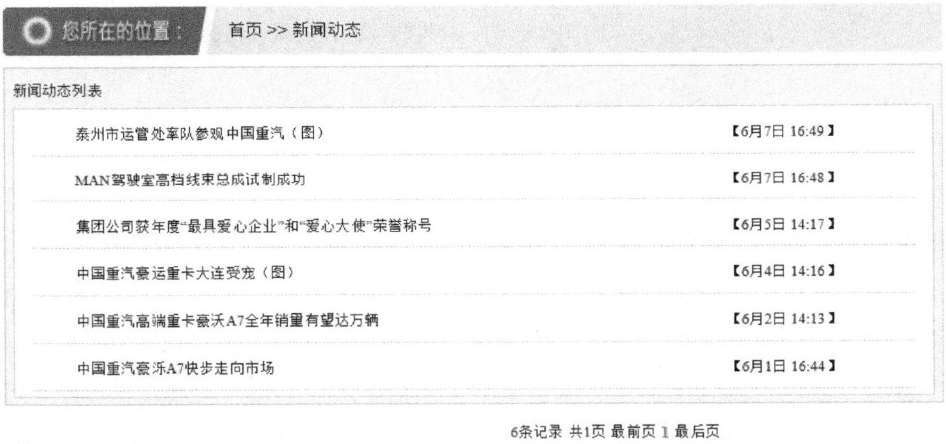

图5-23 给新闻列表添加外框效果图

任务5 制作公司简介等栏目

任务要求

利用主模板"main.dwt"制作"公司简介"和"联系我们"栏目。

最终效果

"公司简介"和"联系我们"栏目的最终效果分别如图 5-24 和图 5-25 所示。

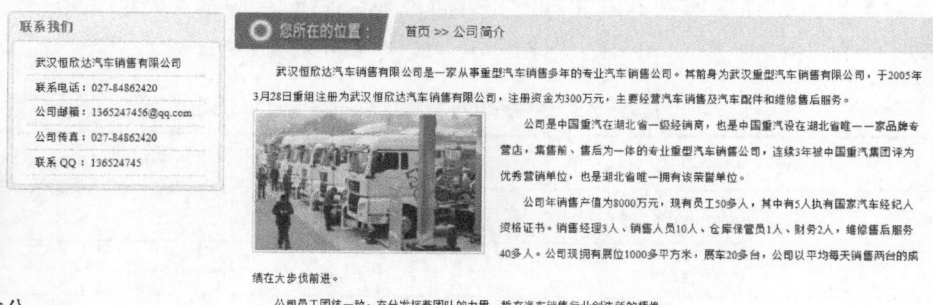

扫码观看制作公
司简介栏目微课

图 5-24 "公司简介"栏目的最终效果图

扫码观看制作联
系我们栏目微课

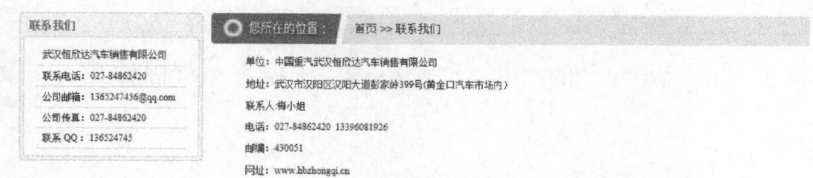

图 5-25 "联系我们"栏目的最终效果图

操作提示

❶ "公司简介"和"联系我们"两个栏目的效果基本一致,使用主模板"main.dwt"来设计。首先设计"公司简介"栏目。

❷ "公司简介"也分左右两侧,左侧结构与产品中心上半部分基本一致,右侧"您所在的位置"与产品中心基本一致,因此布局可以沿用与产品中心相同的 CSS 代码。

❸ 选择"文件"→"新建"命令,选择"main.dwt"模板,单击"创建"按钮后,将创建的文件保存到"about"文件夹中,命名为"aboutus.html",修改网页标题为"武汉恒欣达汽车销售有限公司—公司简介"。

❹ 为了设计左侧"联系我们"和右侧"公司简介"的效果,先编写 CSS 语句。左侧"联系我们"可以使用列表完成,也可以直接使用 DIV 实现,本例直接使用同一 class 实现。代码见表 5-24。

表 5-24 公司简介页面细节的 CSS 代码

1	/* 公司简介栏目 */	5	}
2	#view_about{	6	#view_about p{
3	padding:10px 20px;	7	text-indent:2em;
4	line-height:28px;	8	}

（续）

9	.about_list{	13	border-bottom:#CCC dashed 1px;
10	padding-left:8px;	14	width:180px;
11	height:26px;	15	margin:0px auto;
12	line-height:26px;	16	}

⑤ 在可编辑区域"a1"中插入"div#con"，然后在"con"中连续插入"div#left_con"和"div#right_con"。在"div#left_con"中连续插入三个DIV，设计出左侧外框效果。

⑥ 在"div#right_con"中插入两个部分"div#onionskin"和"div#view_about"。"aboutus.html"文件中的代码见表5-25。在"div#con"后面插入一个"div.clear"，目的是去掉浮动效果。

表 5-25　公司简介整体布局 HTML 代码

1	<div id="con">	7	<div id="right_con">
2	<div id="left_con">	8	<div id="onionskin"></div>
3	<div id="nav_title"></div>	9	<div id="view_about">...</div>
4	<div id="nav_con">...</div>	10	</div>
5	<div id="nav_bottom"></div>	11	</div>
6	</div>	12	<div class="clear"></div>

⑦ 在左侧"div#nav_con"里添加多个"div.about_list"，在"about_list"里输入相应的文字。具体代码见表5-26。

表 5-26　左侧内容使用 DIV 实现

1	<div id="nav_con">
2	<div class="about_list">武汉恒欣达汽车销售有限公司 </div>
3	<div class="about_list">联系电话：027-84862420</div>
4	<div class="about_list"> 公司邮箱：1365247456@qq.com</div>
5	<div class="about_list"> 公司传真：027-84862420</div>
6	<div class="about_list"> 联系 QQ：136524745</div>
7	</div>

⑧ 在"div#view_about"里添加文字，段落之间按 <Enter> 键。把"aboutus.html"文件切换到代码视图，将光标定位在第一个段落的后面，把图片"aboutus.jpg"拖到光标处。文字内容见表5-27。

表 5-27　右侧内容分段并插入图像

1	<p>武汉恒欣达汽车销售有限公司是一家从事重型汽车销售多年的专业汽车销售公司。其前身为武汉重型汽车销售有限公司，于 2005 年 3 月 28 日重组注册为武汉恒欣达汽车销售有限公司，注册资金为 300 万元，主要经营汽车销售及汽车配件和维修售后服务。</p>
2	<imgsrc="../UploadFiles/aboutus.jpg"width="240"height="148"/>

（续）

3	<p> 公司是中国重汽在湖北省一级经销商，也是中国重汽设在湖北省唯一一家品牌专营店，集售前、售后为一体的专业重型汽车销售公司，连续 3 年被中国重汽集团评为优秀营销单位，也是湖北省唯一拥有该荣誉的单位。</p>
4	<p> 公司年销售产值为 8000 万元，现有员工 50 多人，其中有 5 人有国家汽车经纪人执业资格证书。销售经理 3 人、销售人员 10 人、仓库保管员 1 人、财务人员 2 人，维修售后服务人员 40 多人。公司现拥有展位 1000 多平方米，展车 20 多台，公司以平均每天销售两台的成绩在大步伐前进。</p>
5	<p> 公司员工团结一致，充分发挥团队的力量，誓在汽车销售行业创造新的辉煌。</p>

❾ 编写该图片效果的 CSS 语句，代码见表 5-28。

表 5-28　设计图文混排效果的代码

1	#view_about img{	4	padding:2px;
2	float:left;	5	margin-right:16px;
3	border:#CCC solid 1px;	6	}

❿ 设计图文混排后的效果如图 5-25 所示。

⓫ "联系我们"栏目效果与"公司简介"栏目基本一致。复制"aboutus.html"，在"about"文件夹中进行粘贴，命名为"contactus.html"，修改网页标题为"武汉恒欣达汽车销售有限公司—联系我们"。

⓬ 打开"contactus.html"文件，修改"公司简介"为"联系我们"，并删除"div#view_about"中的全部内容。然后在其中输入文字，每输入一行，按 <Enter> 键两次。代码见表 5-29。

表 5-29　"联系我们"栏目的内容代码

1	<div id="view_about">
2	<p> 单位：中国重汽武汉恒欣达汽车销售有限公司 </p>
3	<p> 地址：武汉市汉阳区汉阳大道彭家岭 399 号（黄金口汽车市场内）</p>
4	<p> 联系人：梅小姐 </p>
5	<p> 电话：027-84862420 13396081926</p>
6	<p> 邮编：430051</p>
7	<p> 网址：www.hbzhongqi.cn</p>
8	</div>

⓭ "contactus.html"网页文件的最终效果如图 5-25 所示。

知识拓展

一、资源面板与库

1. 资源面板

在开始制作网站之前，必须要收集足够的资源，这些资源是建立网页和站点的基本元素。对于这些资源的管理，我们可以使用资源面板。资源面板可以统一地管理整个站点的资源，以免去反复搜索的痛苦，可以成倍地提高效率。资源面板按网页设计资源分类，包括站点中所有存在或使用的图像、颜色、URL、Flash、Shockwave、影片、脚本、模板和库等九项，这些存储在资源面板中的对象允许用户反复使用。当我们定义一个站点时，这个站点内的所有上述类型的元素，将在资源面板中自动分类显示。

资源面板提供两种视图：站点列表显示当前站点的所有资源，包括在该站点的任何文档中使用的颜色和 URL；收藏列表仅显示用户明确选择的资源。在这两个列表中，资源被分成多个类别（沿资源面板的左侧排列）。站点列表和收藏列表都可用于除模板和库项目之外的所有资源类别。

2. 库

库是一种特殊的 Dreamweaver 文件，其中包含用户已创建的单独资源或资源的集合。库里的这些资源称为库项目。当更改某个库项目的内容时，所有使用该项目的页面即可自动更新。库中可以存储各种各样的页面元素，如图像、表格、声音、Flash 等。

在 Dreamweaver 中使用库项目可以保持站点的一致性，还可以在文档中快速输入在站点中重复使用的元素对象。库项目不仅具有使用上的便利，而且具有维护更新方面的优势，对于重复使用的定制为库项目的内容，如果需要修改，不必到使用该内容的页面中一一进行修改，只需将该库项目进行修改，就可以实现对站点中所有使用该库项目的文档的更新，实现风格的统一更新。

可以定制为库项目的内容，不仅限于元素对象，Dreamweaver 可以将文档中的任意内容定制为库项目，使其在其他地方被重复使用。库项目内容的广泛性更让它的使用范围不断扩大，使用起来更加方便。

二、模板的创建与应用

1. 模板的概念

Dreamweaver 模板是一种特殊类型的文档，用于设计固定的页面布局，并且基于模板创建文档时，创建的文档会继承模板的页面布局。设计模板时，设计人员可以指定在基于模板的文档中哪些内容是用户可编辑的。模板创作者可以在文档中设计数种类型的模板区域，使用模板可以一次更新多个页面；从模板创建的文档与该模板保持连接状态（除非分离该文档），可以修改模板并立即更新基于该模板的所有文档中的设计。

使用模板可以控制大的设计区域，以及重复使用完整的布局。如果要重复使用个别设计元素，如站点的版权信息，则可以创建库项目。

Dreamweaver 中的模板与其他软件中模板的不同之处在于，默认情况下 Dreamweaver 模板的页面中各部分是固定（不可编辑）的。

2. 创建模板

在 Dreamweaver 中应用模板和库制作网页，首先要将网站作为 Dreamweaver 管理的一个站点，这样就可以由 Dreamweaver 来管理模板和库。

通常制作模板文件时，只把导航条和标题栏等各个页面共有的部分制作出来，而把其他部分留给各个页面设置具体内容。制作模板文件与制作普通网页的方法是相同的，但是在制作模板文件时，必须设置好页面属性，指定可编辑区域等。

在创建可编辑区域时要注意以下几点：

1）如果页面上有表格，可以将整个表格或者某个单元格标记为可编辑区域，不过一次只能设置一个单元格。

2）如果要将原来的可编辑区域变为不可编辑区域，可以选择"修改"→"模板"→"删除模板标记"命令。

3）编辑不可编辑区域时，用户只可以修改那些非高亮显示的可编辑区域代码。

3. 应用模板

Dreamweaver 还提供了一个非常有用的功能，就是可以把模板应用到已经存在的网页中，这要求该文档符合一定的要求。它实现了网页形式与内容的分离，可以在保持内容不变的情况下更新网页的形式。比如，为一个饮料公司制作网站时，冬季和夏季的网页颜色、风格应该有所不同，Dreamweaver 就可以实现这个功能。实现网页更换模板的前提条件就是两个模板的可编辑区域一一对应，这样原来的网页中可编辑区域的内容到了新模板里才可以正确显示。

在应用模板到已经存在的文档之前，Dreamweaver 会比较该文档新旧两个模板的可编辑区域的名称，找到与新模板名称相同的可编辑区域，并用新模板中的内容来替换原来模板中相同名称的可编辑区域中的内容。如果原来的模板中存在与新模板不同名称的可编辑区域，或者原来文档中的内容与新模板的各个区域不匹配，Dreamweaver 则会弹出一个对话框询问如何处理这些不匹配的内容，用户可以在该对话框中选择新模板的一个可编辑区域来接纳这些不匹配的内容。

4. 分离模板

使用模板创建文档或对一个已经存在的文档应用了模板之后，该模板和所有使用了该模板的文档之间就建立了一种连接关系，当模板的内容被更改之后，所有应用该模板的文档也完成相同的更改，而不用将这些文档一一打开加以编辑。

将模板应用到页面上之后，可编辑区域的位置和所有的不可编辑区域的位置都是不可以更改的。如果想要修改它们，一个方法是更改该页面的模板，并执行更新命令；另一个方法是将页面和模板分离，这样就可以修改页面上的任何部分。但是，当页面和模板分离之后，如果模板被更新，由于页面和模板已经脱离了连接关系，页面将不被更新。

要将页面和模板分离，只需打开文档，然后选择"修改"→"模板"→"从模板中分离"命令，页面上所有部分就都变成可编辑的了。

三、框架标签

1. 框架概述

如果页面可以分为几个部分，各个部分之间是既相互独立的页面，又互相有关联，用户在浏览这种页面时，当对其中某一部分进行操作，如浏览、下载时，其他页面会保持不变，这样的页面就被称为框架结构的页面，也称为多窗口页面。

框架的主要功能是"分割"页面窗口，使每个小窗口能显示不同的 HTML 文件，而这些小窗口就被称为框架的窗口。可以说框架可将网页画面分成几个窗口，同时取得多个 URL。使用框架最主要的目的就是创建链接的结构，最常见的框架结构就是将网站的导航条作为一个单独的框架窗口，当用户查看具体的内容时，导航条窗口保持不变，这就为用户的浏览提供了方便。

2. 框架的基本结构

框架主要包括两个部分，一个是框架集，另一个就是具体的框架文件。框架集用来定义这一 HTML 文件为框架模式，并设定视窗如何分割。通俗一点说，框架集就是存放框架结构的文件，也是访问框架文件的入口文件。如果网页由左右两个框架组成，那么除左右两个网页文件之外，还有一个总的框架集文件。框架是页面中定义的每一个显示区域，也可以说，一个窗口就是一个框架。框架页面中最基本的内容就是框架集文件，它是整个框架页面的导航文件，其基本语法见表 5-30。

表 5-30　框架页面的基本语法

<html>
<head>
<title>
框架页面的标题
</title>
</head>
<frameset>
<frame>
<frame>
……
</frameset>
</html>

从上面的语法结构可以看到，在使用框架的页面中，<body> 主体标记被框架标记 <frameset> 所代替。而对于框架页面中包含的每一个框架，都是通过 <frame> 标记来定义的。

3. <frameset> 标签

frameset 元素可定义一个框架集。它被用来组织多个窗口（框架）。每个框架存有独立的文档。在其最简单的应用中，frameset 元素仅会规定在框架集中存在多少列或多少行，会使用 cols 或 rows 属性，见表 5-31。

表 5-31　frameset 属性

属 性 名 称	说　　明
Border	设置框架的边框粗细
Bordercolor	设置框架的边框颜色
Frameborder	设置是否显示框架边框 设定值只有 0、1 0 表示不要边框，1 表示要显示边框
Cols	纵向分割页面，其数值表示方法有三种：30%、30（或者 30px）、* 数值的个数代表分成的视窗数目且数值之间用 "," 隔开 "30%" 表示该框架区域占全部浏览器页面区域的 30% "30" 表示该区域横向宽度为 30px "*" 表示该区域占用余下页面空间 例如，cols="25%,200,*" 表示将页面分为三部分，左面部分占页面 30%，中间横向宽度为 200px，页面余下的作为右面部分
Rows	横向分割页面，数值表示方法和意义与 cols 相同
Framespacing	设置框架与框架间保留的空白距离

例如：<frameset cols="213,*" frameborder="no" border="0" framespacing="0">

cols 与 rows 两属性尽量不要在同一个 <frameset> 标签中使用。若要实现如图 5-26 所示架构，代码的正确写法见表 5-32。

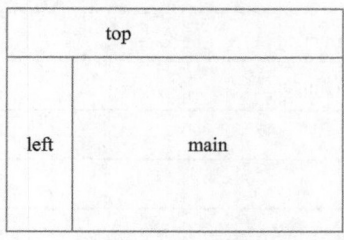

图 5-26　框架结构

表 5-32　实现框架结构的代码的正确写法

<frameset rows="59,*" cols="*" frameborder="no" border="0" framespacing="0">
<frame src="" name="topFrame" scrolling="no" noresize="noresize" id="topFrame"/>
<frameset cols="213,*" frameborder="no" border="0" framespacing="0">

（续）

`<frame src="" name="leftFrame" scrolling="no" noresize="noresize" id="leftFrame"/>`	
`<frame src="" name="mainFrame" id="mainFrame"/>`	
`</frameset>`	
`</frameset>`	

`<frameset cols="40%,*,*">`：第一个框架占整个浏览器窗口的 40%，剩下的空间平均分配给另两个框架。

`<frameset cols="*,*,*,*">`：将浏览器窗口等分为四部分。

4. `<frame>` 标签

`<frame>` 标签定义 frameset 中的一个特定的窗口（框架）。frameset 中的每个框架都可以设置不同的属性，如 border、scrolling、noresize 等，见表 5-33。

表 5-33　frame 属性

属 性 名 称	说　明
name	设置框架名称，此为必须设置的属性
src	设置此框架要显示的网页名称或路径，此为必须设置的属性
scrolling	设置是否要显示滚动条，设定值为 auto、yes、no
bordercolor	设置框架的边框颜色
frameborder	设置是否显示框架边框，设定值只有 0、1，0 表示不要边框，1 表示要显示边框
noresize	设置框架大小是否能手动调节
marginwidth	设置框架边界和其中内容之间的宽度
marginhight	设置框架边界和其中内容之间的高度
width	设置框架宽度
height	设置框架高度

例如：

```
<frame src="" name="topFrame" noresize="noresize" width="400" height="800" marginwidth="10" marginhight="10" scrolling="No" />
```

5. `<iframe>` 标签

iframe 一般用来包含别的页面，例如我们可以在自己的网站页面加载他人网站的内容，为了得到更好的效果，可能需要设置 iframe 透明效果。在 HTML 4.1 Strict DTD 和 XHTML 1.0 Strict DTD 中，不支持 iframe 元素。一般可以把需要的文本放置在 `<iframe>` 和 `</iframe>` 之间，这样就可以应对无法理解 iframe 的浏览器。iframe 标签内的内容可以在浏览器不支持 iframe 标签时显示。iframe 标签是成对出现的，以 <iframe> 开始，</iframe> 结束，其属性见表 5-34。

表 5-34   iframe 属性

属　　性	值	描　　述
align	left right top middle bottom	不赞成使用，请使用样式代替 规定如何根据周围的元素来对齐此框架
frameborder	1 0	规定是否显示框架周围的边框
height	Pixels %	规定 iframe 的高度
longdesc	URL	规定一个页面，该页面包含了有关 iframe 的较长描述
marginheight	pixels	定义 iframe 的顶部和底部的边距
marginwidth	pixels	定义 iframe 的左侧和右侧的边距
name	frame_name	规定 iframe 的名称
scrolling	yes no auto	规定是否在 iframe 中显示滚动条
src	URL	规定在 iframe 中显示的文档的 URL
width	Pixels %	定义 iframe 的宽度

能力拓展

扫码观看制作客户
咨询等栏目微课

制作客户咨询等栏目

任务要求

利用 iframe 制作"客户咨询""公司招聘"和"配件销售"栏目。

最终效果

　　"客户咨询""公司招聘"和"配件销售"栏目的最终效果分别如图 5-27、图 5-28 和图 5-29 所示。

操作提示

❶ 独立的"客户咨询""公司招聘"和"配件销售"页面均在项目 3 和项目 4 中已经完成。本任务利用主模板"main.dwt"将上述三个独立的页面整合到网站中。

❷ 利用主模板"main.dwt"新建网页，并保存到"consult"文件夹中，命名为"consult.html"，然后打开该文件。

❸ 将光标定位在可编辑区域"a1"中，单击"插入"→"HTML"→"框架"→"iframe"命令。

❹ 切换到代码视图，添加 iframe 的属性，见表 5-35。

表 5-35 "客户咨询"的 iframe 代码

1	<iframe src="../ pages/cousult.html" width="1000" height="450" scrolling="no" frameborder="0">
2	</iframe>

❺ 用同样的方法在"job"文件夹里创建"job.html"文件，并插入 iframe，然后修改该 iframe 的属性，见表 5-36。

表 5-36 "公司招聘"的 iframe 代码

1	<iframe src="../job.html" width="1000" height="480" scrolling="no" frameborder="0">
2	</iframe>

❻ 创建"配件销售"页面。其对应的源代码见表 5-37。

表 5-37 "配件销售"页面对应的源代码

1	<iframe src="../pages/pjxs_d.html" width="1000" height="480" scrolling="no" frameborder="0">
2	</iframe>

❼ 检查主模板"main.dwt"中一级栏目的链接是否正确设置，可以添加或修改，并保存、更新，完成整个网站的建设任务。

项目六
网站测试与发布

网站是公司形象的网络传达载体，一个变形或无法显示的页面会让访问者对公司的信任度和好感度大幅下降。因此，网站建设完成后，在各种显示环境下对网站进行测试是非常必要的。网站测试一般包括功能测试、兼容性测试、压力测试和安全测试等，用来检验网站存在的问题，检验网站是否能正常运行，功能是否已经正常实现，页面之间的链接是否有错误等。

任务目标

◎ 掌握网站链接的测试方法
◎ 掌握 IIS 服务器的配置方法
◎ 掌握网站在 IIS 中的发布
◎ 了解网站域名的设计及注册方法
◎ 了解网站虚拟机的购买及管理

任务 1　网站链接测试

任务要求

网站制作完成后，利用 Dreamweaver 软件或其他网页链接检测工具对网站链接进行测试，并形成测试报告。

操作提示

❶ 在 Dreamweaver 中打开链接测试页面，如"index.html"，选择菜单"窗口"→"结果"→"链接检查器"命令，打开"链接检查器"面板，单击面板左侧的"运行"按钮 ▶，如图 6-1 所示，根据需要选择单个页面或整个站点进行链接测试。

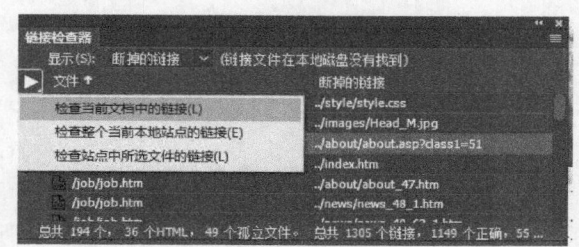

图 6-1　"链接检查器"面板

❷ 如果没有链接问题，则列表显示为空，底部状态栏显示了页面的链接统计数据，包括总链接数、正确链接数、断掉的链接数和外部链接数。

❸ 图 6-2 中显示了整个站点的断掉链接的信息，可单击列表中提示的断掉的链接地址进行修复，单击"浏览"按钮选择或手动输入正确的链接地址。

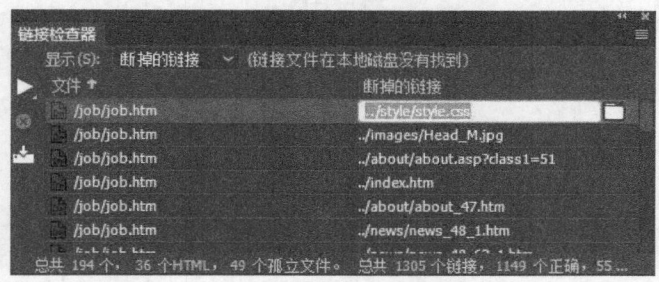

图 6-2　链接出错列表

❹ 如果多个页面都有相同的链接错误，当用户对其中一个错误链接进行修复后，系统会弹出提示是否修复其他相同的链接错误的对话框，单击"是"按钮，系统则自动将链接地址重新指向用户所修改的新地址。

❺ 在"链接检查器"面板中，可通过改变"显示"列表项中的筛选条件，查看"外

部链接"和"孤立的文件"的信息,如图 6-3 所示。

图 6-3 外部链接出错列表

❻ 用户也可通过 HTML Link Validator 及 Xenu Link Sleuth 网页链接检查工具对页面及站点进行检测。HTML Link Validator 可以在短时间内检查数千个网页文件,也可进行本地测试和远程测试。

❼ 网站链接检测完成后,打开"站点报告"面板,单击面板左侧的"运行"按钮▶,系统弹出"报告"对话框,在"报告在"下拉列表框中选择"整个当前本地站点",并勾选"HTML 报告"下的所有复选框,如图 6-4 所示。

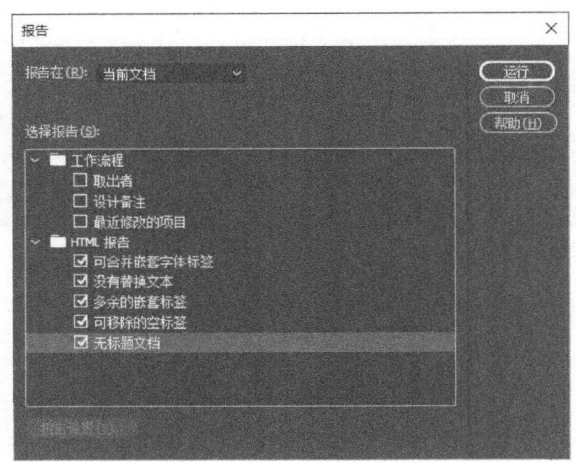

图 6-4 "报告"对话框

❽ 单击"运行"按钮,生成的站点报告如图 6-5 所示。

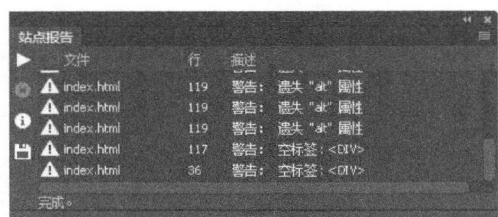

图 6-5 生成的站点报告

❾ 双击问题列表项,系统自动打开问题所在页面,并定位至问题所在代码行(蓝色背景区域),根据站点报告的问题提示信息,对存在问题的代码进行修改。

任务2 网站发布

任务要求

网站测试并调试完成后，配置 Windows 操作系统的 Internet 信息服务（IIS）组件，并利用 IIS 组件进行网站的发布。

最终效果

网站发布的最终效果如图 6-6 所示。

图 6-6 网站发布的最终效果图

操作提示

❶ 打开"控制面板"，如图 6-7 所示。

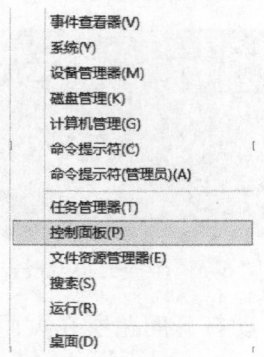

图 6-7 "控制面板"选项

❷ 进入"所有控制面板项"窗口，单击"程序和功能"选项，如图 6-8 所示。

图 6-8 "所有控制面板项"窗口

❸ 进入"程序和功能"窗口，单击窗口左侧的"启用或关闭 Windows 功能"选项，弹出"Windows 功能"对话框，选择添加"Internet 信息服务"组件，如图 6-9 所示。

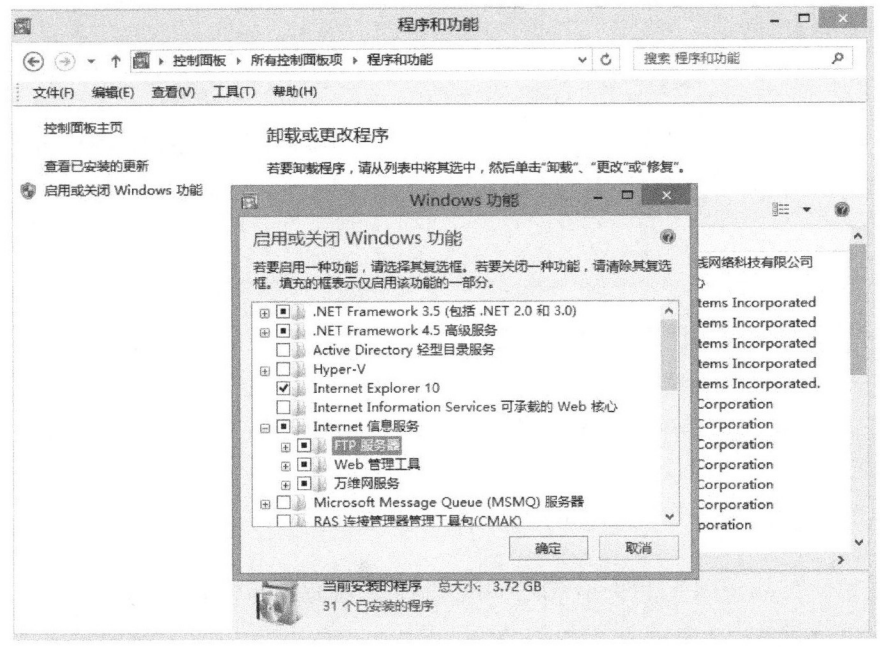

图 6-9 开启 IIS 功能

❹ 单击"确定"按钮后，系统自动进行"Internet 信息服务"组件的安装，如图 6-10 所示。

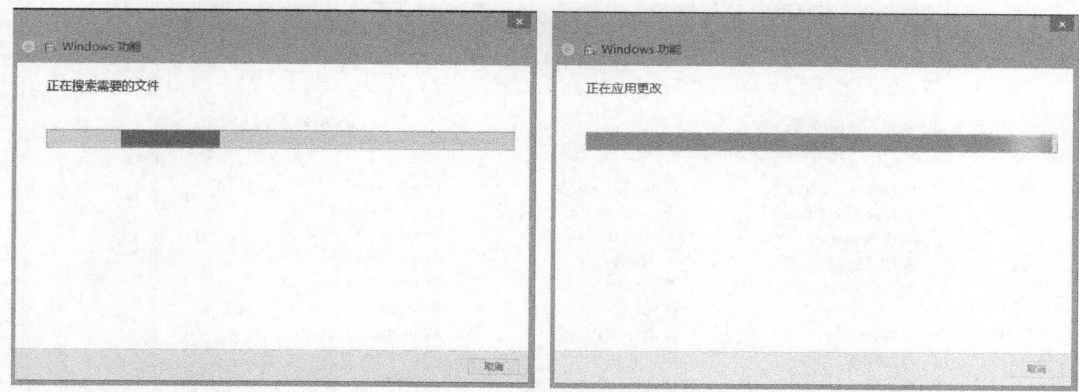

图 6-10　Internet 信息服务组件安装进程

❺ 安装完成后，在"控制面板"→"管理工具"中找到"Internet 信息服务（IIS）管理器"程序图标，双击打开。

❻ 出现组件更新提示对话框，如图 6-11 所示。

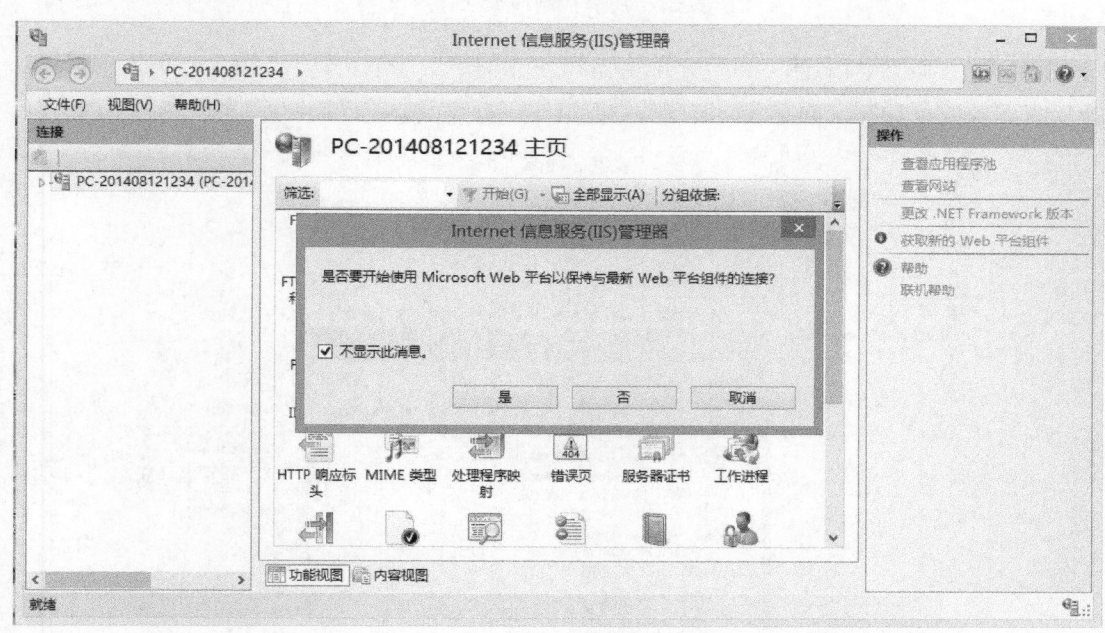

图 6-11　打开 IIS 管理器

❼ 展开"Internet 信息服务（IIS）管理器"窗口左侧列表，单击"Default Web Site"选项，如图 6-12 所示。

❽ 右击"Default Web Site"选项，在弹出的快捷菜单中选择"重命名"命令，将名称更改为"hbzhongqi"，然后选择"管理网站"→"高级设置"命令，如图 6-13 所示。

图 6-12　选择默认站点

图 6-13　默认站点的高级设置

❾ 在"高级设置"对话框中，将物理路径更改为"D:\hbzhongqi"，其他选项不做修改，如图 6-14 所示。

图 6-14　设置站点的物理路径

⑩ 单击"确定"按钮后，"Internet 信息服务（IIS）管理器"窗口左侧显示站点的所有目录，双击窗口中间"默认文档"图标，如图 6-15 所示。

图 6-15　设置默认文档

⑪ 进入"默认文档"设置窗口，确认网站首页文件"index.html"存在，并将其移至列表最上方，如图 6-16 所示。

⑫ 至此，网站发布设置完毕。右击站点名称"hbzhongqi"，在弹出的快捷菜单中选择"管理网站"→"浏览"命令，查看网站发布情况。

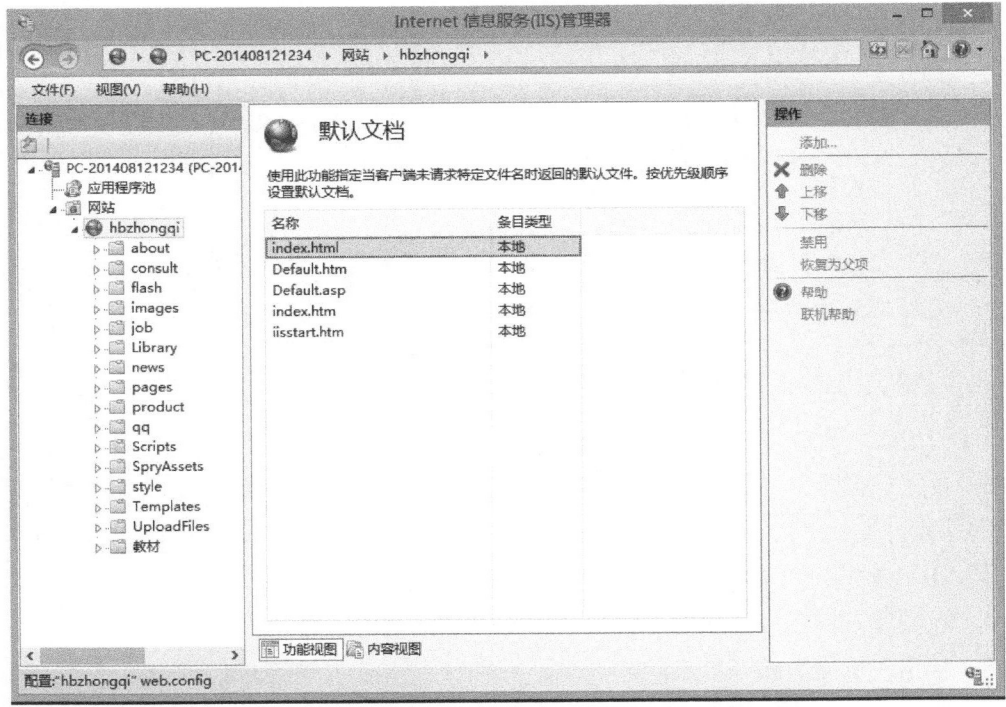

图 6-16　添加首页文件"index.html"为默认文档

知识拓展

一、站点虚拟目录的创建及管理

每个 Internet 信息服务可以从多个目录中发布。通过通用约定名、用户名及用于访问权限的密码指定目录，可将每个目录定位在本地驱动器或网络上。虚拟服务器可拥有一个默认目录和任意数量的其他发布目录。其他发布目录又称为虚拟目录。

1. 添加虚拟目录

1）打开 IIS 管理器。

2）在"连接"列表中，单击"网站"选项，然后单击要创建虚拟目录的站点。

3）在"虚拟目录"页的"操作"列表中，单击"添加"选项。

4）在"添加虚拟目录"对话框的"别名"文本框中输入一个名称。此别名用于通过 URL 访问内容。

5）在"物理路径"文本框中输入内容文件夹的物理路径，或者单击"浏览"按钮并通过在文件系统中浏览来找到该文件夹。

6）单击"测试设置"选项，验证虚拟目录指定的设置。

7）单击"确定"按钮。

2. 删除虚拟目录

1）打开 IIS 管理器。

2）在"连接"列表中，单击"网站"选项，然后单击要删除其虚拟目录的站点。

3）在"操作"列表中，单击"删除"选项，然后单击"是"按钮。

> **注 意**　　在 IIS 管理器中删除虚拟目录时，并不会将相应的物理内容从 Windows 文件系统中删除，它只删除了该内容作为应用程序下的虚拟目录这种关系。

3. 更改虚拟目录内容的物理路径

1）打开 IIS 管理器。

2）在"连接"列表中，单击"网站"选项，然后单击要更改虚拟目录内容的物理路径的站点。

3）在"操作"列表中，单击"基本设置"选项。

4）在"物理路径"文本框中，更改虚拟目录内容的路径。

5）单击"确定"按钮。

二、域名及空间的申请

1. 域名

域名是 Internet 地址中的一项，是与互联网协议（Internet Protocal，IP）地址相对应的一串容易记忆的字符，由若干个小写英文字母、阿拉伯数字及"–""."等符号构成，并按一定的层次和逻辑排列。也有一些国家在开发其他语言的域名，如中文域名。

域名不仅便于记忆，而且即使在 IP 地址发生变化的情况下，通过改变解析对应关系，域名也可保持不变。企业、政府、非政府组织等机构或者个人在域名注册查询商上注册的名称，是互联网中企业或机构间相互联系的网络地址。

域名相当于一个家庭的门牌号码，别人通过这个号码可以很容易地找到你。

以域名"www.baidu.com"为例进行说明，该域名是由两部分组成的，"baidu"是这个域名的主体；而"com"则是该域名的后缀，代表这是一个".com"类型的国际域名。

域名按照后缀分为两类：一是国际域名，也称为国际顶级域名，这也是使用最早也最广泛的域名，如表示工商企业的".com"，表示网络提供商的".net"，表示非营利组织的".org"等；二是国内域名，又称为国内顶级域名，即按照国家的不同来分配不同的后缀，这些域名即该国的国内顶级域名，如中国的顶级域名是"cn"，美国的顶级域名是"us"。

2. 域名注册

注册一个好的域名至关重要。一个好的域名往往与单位的以下信息一致：单位名称的中英文缩写、企业产品的注册商标、与企业广告语一致的中英文内容。

英文域名格式如下：域名由各国文字的特定字符集、英文字母、数字及"–"（连字符或减号）任意组合而成，但开头及结尾均不能含有"–"；域名中字母不区分大小写；域名最长可达 67 个字节（包括后缀".com"".net"".org"等）。

中文域名格式如下：各级域名长度限制在 26 个合法字符（汉字，英文 a ～ z、A ～ Z，数字 0 ～ 9 和横线"–"等均算一个字符）；不能是纯英文或数字域名，应至少有一个汉字；"–"不能连续出现。

域名的注册遵循先申请先注册原则，管理机构对申请人提出的域名是否违反了第三方的权利不进行任何实质的审查。同时，每一个域名的注册都是独一无二、不可重复的。因此，在网络上，域名是一种相对有限的资源，它的价值将随着注册企业的增多而逐步为人们所重视。

中国互联网络信息中心（China Internet Network Information Center，CNNIC）正式注册并运行的顶级域名是"cn"，这也是中国的一级域名。

3. 域名解析

域名解析就是一个翻译的过程，是将人们比较熟悉、容易记忆的名称翻译成机器熟悉的 IP 地址的过程。

整个互联网是由无数台服务器、网络设备等连接在一起构成的，服务器之间的通信依靠的是 IP 地址。IP 地址是类似"222.202.191.26"这样的一串数字，人们很难记住，但是人们能很容易地记住域名，将域名和 IP 地址的对应关系交给特定的服务器去翻译，称为域名解析，这些特定的服务器有个专用的名称——DNS（Domain Name System，域名系统）。每个域名必须指定 DNS，DNS 负责域名和 IP 地址的对应翻译工作。

4. 域名转移

只有当域名还在有效期内时，域名转移操作才可以进行，转移分为转入和转出。

域名转移时需要从注册商处获得域名转移密码，拿到域名转移密码后，注册人向另一家域名注册商提出域名转入申请，同时提交域名转移密码；接受域名转入的注册商向根域提出域名转移申请；根域会验证转移密码，同时征求原注册商的意见；上述步骤完成后，域名转入新的注册商名下，完成域名转移过程。需要注意的是，域名转移只能由 ICANN（The Internet Corporation for Assigned Names and Numbers，互联网名称与数字地址分配机构）授权的注册商来完成，2、3 级代理是没有资格申请域名转移的，必须由原域名注册商代替来完成；域名转移的手续烦琐，还有很多代理商根本不允许域名转移操作，所以注册域名的时候一定要仔细甄别，以防给将来留下不必要的麻烦。

5. 虚拟空间

虚拟空间又称虚拟主机，是使用特殊的软硬件技术，把一台计算机主机分成多台"虚拟"的主机，每一台虚拟主机都具有独立的域名和 IP 地址（或共享的 IP 地址），具有完整的 Internet 服务器功能。在同一台计算机主机、同一个操作系统上，运行着被多个用户打开的不同的服务器程序，互不干扰；各个用户拥有自己的一部分系统资源。虚拟主机之间完全独立，在外界看来，每一台虚拟主机和一台独立主机的表现完全一样。

申请虚拟主机的方法：

1）确定空间大小和类型，如 500MB 的 ASP（Active Server Page，动态服务器主页）空间。

2）找一个靠得住的服务商，如阿里云、虎翼网等。

3）联系服务商，现在几乎所有的服务商都提供在线 QQ 咨询服务。

4）不同的服务商的方法和流程可能会有不同，一般来说需要在他们的网站上注册会员；然后选好自己想要的空间；下订单，选择支付方式；他们确认收到钱后会很快地开通空间。

6. 服务器托管

服务器托管是指客户自行采购主机服务器，并安装相应的系统软件及应用软件以实现用户独享高性能的服务器，实现 Web、FTP、Mail 及 DNS 全部网络服务功能。

服务器软件的安装与调试都由服务商负责完成，并且服务商负责为主机提供固定的带宽及主机托管的标准维护服务，其服务内容包括免费提供服务器监测、24 小时电话技术支持等。

能力拓展

一、域名的设计与注册

任务要求

根据公司形象及文化理念设计网站域名，并通过虎翼网进行域名的注册。

操作提示

❶ Internet 上的域名具有唯一性。域名设计一般根据公司形象或背景，选择便于记忆的公司名称、公司品牌的英文或中文拼音，并参考域名设计规范，设计 3 ～ 5 个域名备用方案。

❷ 登录虎翼网"http://www.51.net"，查询设计域名是否已被注册。依次输入设计域名，如"hbzhongqi"，单击"查询"按钮，查询结果显示已注册和未注册的信息，如图 6-17 所示。

❸ 域名确定后，进行域名注册。单击"立即注册该域名"链接，弹出"登录"对话框，如图 6-18 所示。

❹ 如果不是会员，可以单击"我还不是会员，马上注册"链接，弹出"快速注册"对话框，如图 6-19 所示。

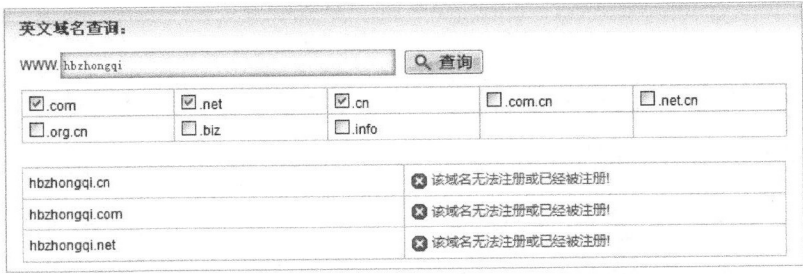

图 6-17　域名查询

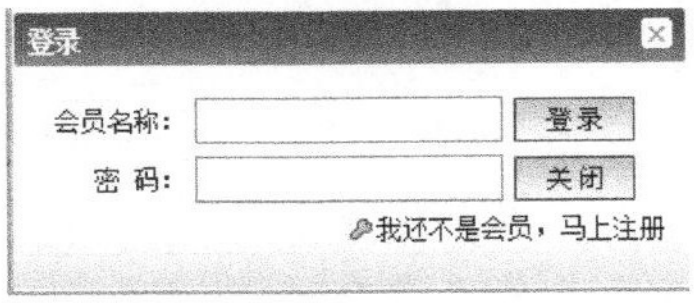

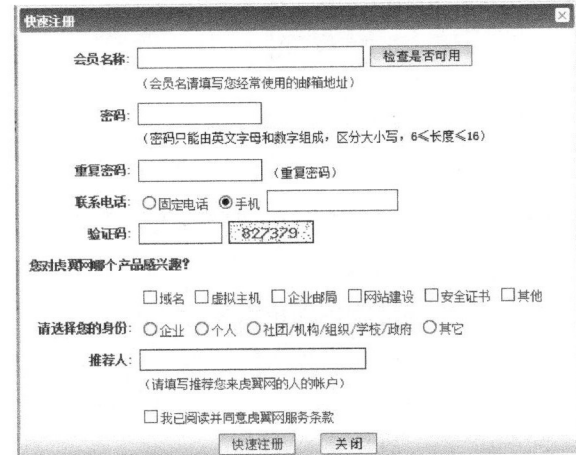

图 6-18　"登录"对话框

图 6-19　"快速注册"对话框

❺ 成功注册并登录后，进入"域名注册"页面，如图 6-20 所示。

❻ 支付成功后，在"域名管理"选项中进行域名的管理，如图 6-21 所示。

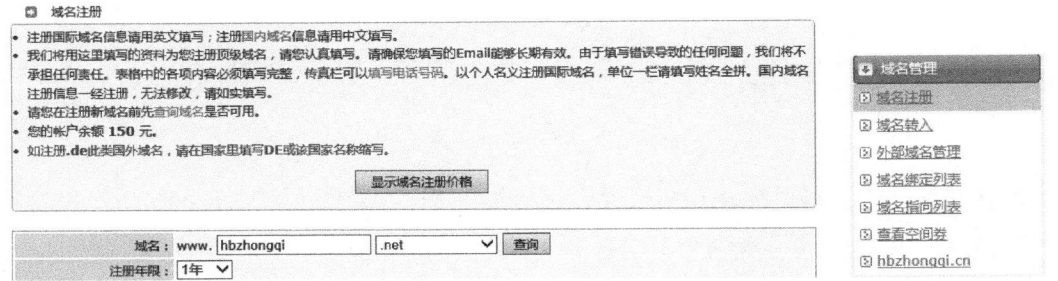

图 6-20　"域名注册"页面

图 6-21　"域名管理"选项

❼ 购买虚拟空间后，可以进行域名解析或者域名转入来完成域名与服务器 IP 地址的绑定。

二、申请网站空间

任务要求

通过虎翼网购买网站虚拟机服务，为网站的发布提供网络空间。

操作提示

❶ 向不同的服务商申请网站空间的方法略有不同，本书仅以"虎翼网"为例。登录"http://www.51.net"网站，进入主机服务页面，如图 6-22 所示。

图 6-22　热销主机推荐

❷ 单击"查看更多"按钮，查看不同虚拟主机的详细数据，如图 6-23 所示。

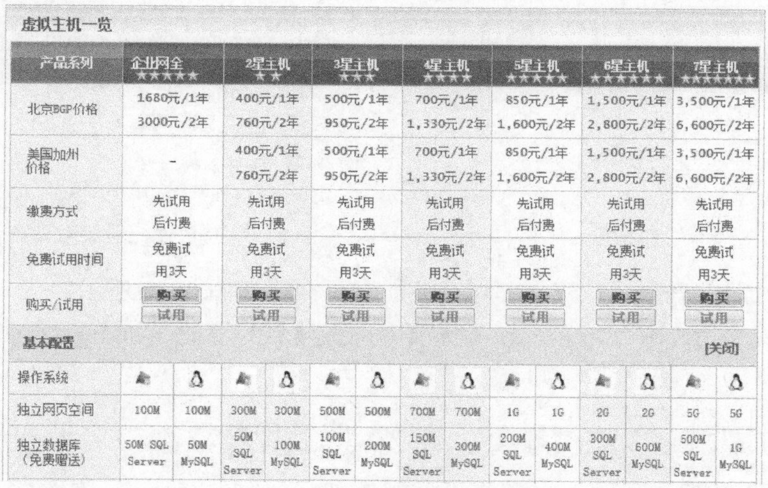

产品系列	企业网全 ★★★★★	2星主机 ★★	3星主机 ★★★	4星主机 ★★★★	5星主机 ★★★★★	6星主机 ★★★★★★	7星主机 ★★★★★★★
北京BGP价格	1680元/1年 3000元/2年	400元/1年 760元/2年	500元/1年 950元/2年	700元/1年 1,330元/2年	850元/1年 1,600元/2年	1,500元/1年 2,800元/2年	3,500元/1年 6,600元/2年
美国加州价格	—	400元/1年 760元/2年	500元/1年 950元/2年	700元/1年 1,330元/2年	850元/1年 1,600元/2年	1,500元/1年 2,800元/2年	3,500元/1年 6,600元/2年
缴费方式	先试用 后付费	先试用 后付费	先试用 后付费	先试用 后付费	先试用 后付费	先试用 后付费	先试用 后付费
免费试用时间	免费试 用3天	免费试 用3天	免费试 用3天	免费试 用3天	免费试 用3天	免费试 用3天	免费试 用3天
购买/试用	购买 试用	购买 试用	购买 试用	购买 试用	购买 试用	购买 试用	购买 试用

基本配置　　　　　　　　　　　　　　　　　　　　　　　　　　　　　　　　　　[关闭]

操作系统	🔲 △	🔲 △	🔲 △	🔲 △	🔲 △	🔲 △	🔲 △
独立网页空间	100M 100M	300M 300M	500M 500M	700M 700M	1G 1G	2G 2G	5G 5G
独立数据库（免费赠送）	50M SQL Server 50M MySQL	50M SQL Server 100M MySQL	100M SQL Server 200M MySQL	150M SQL Server 300M MySQL	200M SQL Server 400M MySQL	300M SQL Server 600M MySQL	500M SQL Server 1G MySQL

图 6-23　虚拟主机一览

❸ 会员登录后，可以先试用再购买。成功购买后，会员进入自助管理平台，可以进行域名管理、空间设置、财务管理等操作，如图 6-24 所示。

图 6-24　会员自助管理平台

三、网站备案

任务要求

　　企业申请域名、购买空间后，要对网站和域名进行备案。正确完成备案后，网站才能在互联网上正常访问。

操作提示

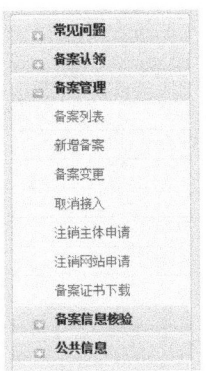

❶ 不同的服务商对网站备案的方法略有不同，本书仅以"虎翼网"为例。登录"http://www.51.net"网站，进入后台管理页面，进入网站备案管理系统，如图 6-25 所示。

图 6-25　备案管理系统

❷ 单击"新增备案"选项，在打开的页面中填写详细的备案信息，提交后会跳转到"备案列表"页面，如图 6-26 所示。

图 6-26　"备案列表"页面

❸ 默认状态为"未提交"，用户还可以接着修改备案信息。在"备案列表"中单击"浏览"按钮，可以查看已经填写的备案信息，并且可以在其中修改主体、网站和接入信息。

❹ 如果确认备案信息已经正确填写，用户可单击"完成"按钮来提交备案信息。服务商的备案相关负责人会在后台对信息进行核实并提交给该省份的通信管理局。

❺ 完成提交后，备案信息状态变为"待接入者核实（报备）"。

❻ 回到"备案管理系统"主页，在备案信息核验栏目中单击"核验单原件"选项，按提示要求下载、打印"网站备案信息真实性核验单"，认真填写核验单顶部"网站主办者基本信息"一栏，网站负责人需要在核验单的底部签名并加盖单位公章。然后将核验单快递至服务商，由服务商对信息进行核实并报备。

课程设计
网页设计与制作

　　课程设计是对课程知识进行条理化和具体化，是对课程技能掌握程度进行检验。在课程设计中，学生通过与教师的沟通、小组成员的分工协作、小组之间的分享与竞争，来锻炼和培养动手能力、沟通能力、合作能力，将知识的获取、技能的养成融于课程设计之中。

任务目标

◎ 合理进行分工协作
◎ 对企业网站进行整体分析和把握
◎ 熟练使用 Photoshop 进行图片的处理
◎ 熟练使用 Dreamweaver 进行站点的管理
◎ 熟练运用 DIV 和 CSS 进行网页设计与制作

任务要求

1）学生每 2 人或 3 人自由组成项目小组，1 人为组长。

2）每个小组在互联网上搜索一家企业网站（或由教师提供企业素材）。网站不要太复杂或者过于简单。

3）模仿设计该公司网站，至少包括首页和一级导航全部页面。

4）课程设计在考试周按小组进行汇报。汇报使用 PPT 文档，由小组全体成员共同完成，现场全程录像。汇报的内容至少包括小组的分工与合作、各成员的任务与完成过程、收获与体会、网站展示等。

操作提示

课程设计约需 4 周完成，主要利用第二课堂时间。

第一周：成立小组，确定企业网站，获取网站首页和其他导航链接页面的完整图像，进行图像切片、各网页结构分析、相关度分析。

第二周：确定网站结构和各网页结构，完成首页设计。

第三周：进行模板设计和二级页面设计。

第四周：进行网站整合、测试、优化，汇报 PPT 设计。

评价标准

1）小组成员合理地进行分工协作，不会出现一人辛苦、一人清闲的局面。

2）选择的企业网站难度适中，难度增加时要求不降低。

3）切片的图像精准、合理，能进行细节处理。

4）整体使用 DIV+CSS 完成，HTML 代码和 CSS 代码编写规范。

5）完成首页和导航页的设计与制作。

6）模板设计与应用合理。

7）网站链接、浏览器等测试正常。

参 考 文 献

[1] 赵建保，许统德，刘琳. 网站建设教程：项目式 [M]. 北京：人民邮电出版社，2011.

[2] 陈承欢. 网页设计与制作实用教程 [M]. 2 版. 北京：人民邮电出版社，2011.

[3] 王君学，孙中廷. 网页设计与制作项目教程 [M]. 3 版. 北京：人民邮电出版社，2015.

[4] 罗保山，孙琳. 网页设计项目教程：HTML5+CSS3+JavaScript[M]. 北京：电子工业出版社，2017.